办公自动化实训

BAN GONG ZI DONG HUA SHI XUN

主　编 ◎ 谢一宁　骆青龙

副主编 ◎ 张培青　余兰海　梁建业

经济管理出版社

ECONOMY & MANAGEMENT PUBLISHING HOUSE

图书在版编目（CIP）数据

办公自动化实训/谢一宁,骆青龙主编 . —北京:经济管理出版社,2015.7(2019.3重印)
ISBN 978 - 7 - 5096 - 3812 - 5

Ⅰ.①办… Ⅱ.①谢… ②骆… Ⅲ.①办公自动化—应用软件 Ⅳ.①TP317.1

中国版本图书馆 CIP 数据核字(2015)第 121708 号

组稿编辑：魏晨红
责任编辑：魏晨红　侯　静
责任印制：黄章平
责任校对：赵天宇

出版发行：经济管理出版社
　　　　　（北京市海淀区北蜂窝 8 号中雅大厦 A 座 11 层 100038）
网　　址：http：//www. E - mp. com. cn
电　　话：(010) 51915602
印　　刷：北京市海淀区唐家岭福利印刷厂
经　　销：新华书店
开　　本：720mm×1000mm/16
印　　张：19
字　　数：364 千字
版　　次：2015 年 7 月第 1 版　 2019 年 3 月第 5 次印刷
书　　号：ISBN 978 - 7 - 5096 - 3812 - 5
定　　价：46. 00 元

编　委　会

前　言

在现代信息社会中，知识经济已成为社会经济的核心，计算机、现代通信设备、网络在办公室中的应用越来越广泛，办公自动化技术已经深入到各行各业、各个领域、各个学科。近年来，随着政府机构改革以及现代企业制度的不断完善，企事业单位对办公室人员提出了越来越高的要求。如何有效地利用办公软件来提高工作效率，也成为中职计算机文秘及相关专业学生的必修课程。

当前，全国各职业院校正在大力推进职业教育人才培养模式和课程改革，"校企合作"、"工学结合"、"项目教学法"、"模块教学法"、"任务驱动教学法"等先进的人才培养模式和教学理念越来越被大家认同。本书从中等职业教育学生对办公自动化技术的应用能力要求和实际工作后的需求出发，根据实际工作任务提取能力目标，并将其整合到30多个任务之中。每个任务均通过"任务说明"、"学习目标"、"知识要点"、"任务实施"、"任务小结"、"上机实训"6个部分展开。与同类教学用书相比，本书具有如下特点。

1. 知识重构，任务引领

以企事业单位日常办公典型工作任务为依据选取教材内容。经过体系重构，知识重组，将全书分为"Word 2010在现代办公中的应用"、"Excel 2010在财务中的应用"、"演示文稿的制作"、"Internet应用"、"办公自动化设备的使用与维护"5个部分，将具有典型性的实际工作任务设置其中。

2. 任务分层，因材施教

采用递进式编写模式，每个任务均采用"任务说明"、"学习目标"、"知识要点"、"任务实施""任务小结"和"上机实训"层层递进的方法设计。其中的"上机实训"内容，由学习者运用所学知识独立完成，通过这一过程培养学习者解决实际问题的能力。

3. 知识与技能有机结合

遵循"从做中学，在学中做"的思想，在完成任务过程中不但有详细具体的方法和步骤，而且还将"相关知识"、"操作技巧"、"提示"等穿插其中，使学习者不但知其然，还能知其所以然，使知识与技能有机结合。

4. 强化流程式操作

在任务实现过程中注重操作流程的设计，使学习者在学习过程中逐步养成遵守操作规范的习惯。

本书适用于文秘类、管理类、信息类、计算机类等办公自动化课程教学；同时也可以作为办公自动化社会培训教材，以及各行业办公人员的自学用书。

由于编者水平有限，书中难免有疏漏和错误之处，恳请广大读者批评指正。

编者

2014 年 8 月

目 录

第一部分

Word 2010 在现代办公中的应用

任务一　制作合同书

 任务说明

　　合同书在公司和企业中的使用非常普遍，制作合同书是办公文员应该具备的基本技能之一，了解合同书的格式和责任划分对从业者来说也是非常必要的，因为我们本身从事某项工作也是要签订合同的。本任务就是通过学习合同书的制作，了解合同内容，设置合同格式，制作出如图 1－1－1 所示的合同书。

图 书 销 售 合 同

卖方：北京华信集团　　　　　　　**买方**：北京学友文化公司

一、合同签订：经双方协商买方同意购买，卖方同意销售以下商品，并按下列条款签订本合同。

序号	书名	计量单位	数量	单价 <RMB 含税>	折扣	总价 <RMB 含税>	交兑期
1	中式热菜制作	本	200	25.00	80%	4000	2014 年 9 月 1 日前交货
2	中式面点制作	本	200	25.00	80%	4000	
3	中餐服务	本	200	25.00	80%	4000	
4	客房服务	本	50	25.00	80%	1000	
总计：						13000	
合计：人民币金额（大写）：壹万叁仟元整							
注：供货规格按双方确认的供货要求执行							

　　二、付款条件：买方订货时需向卖方支付 50% 货款作为定金；5 日内定金到账后合同生效，发货前支付其余 50% 货款。

　　二、交货地点：北京华信集团。

　　四、运输方式及费用负担：图书运输费用由卖方承担。

　　五、结算方式及期限：现款结算（银行转账），款到发货，合同签订之日起，如 3 日内未见预付定金电汇传真，则交货期顺延。

　　六、解决合同纠纷方式：双方协商解决。

图 1－1－1　合同书样本

卖　　方	买　　方
单位名称：北京华信集团	
单位地址：北京市丰台区五间楼10号	单位地址：北京学友文化公司
代表签字：	代表签字：
电话：01053035810	电话：
传真：01053035810	传真：
开户银行：中国农业银行	开户银行：
账号：11190101040007318	账号：
账号：110112071719688	账号：

图1-1-1　合同书样本（续）

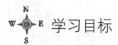 学习目标

➢熟练掌握使用 Word 2010 编辑文档的方法，能根据文章内容设置字体格式和段落格式，进行合理布局。

➢掌握使用"格式刷"快速编辑文档的方法。掌握使用"分栏"排版文档的方法。

➢熟练掌握页面设置的方法，设置纸张大小、方向和页边距。

➢掌握给文档加密的方法。

 知识要点

➢字体格式和段落格式的设置。

➢"格式刷"的使用方法。"分栏"的方法和技巧。

➢设置纸张大小、方向和页边距。

➢文档加密。

 任务实施

一、页面设置

（1）新建文件：在桌面上点击右键，建立 Word 文档，命名为"合同书"。

（2）打开文件：双击"合同书"，打开需要编辑的文档。

（3）选择"页面布局"→"页面设置"菜单命令，点击右下角的箭头，弹出"页面设置"对话框，如图 1 – 1 – 2 所示。

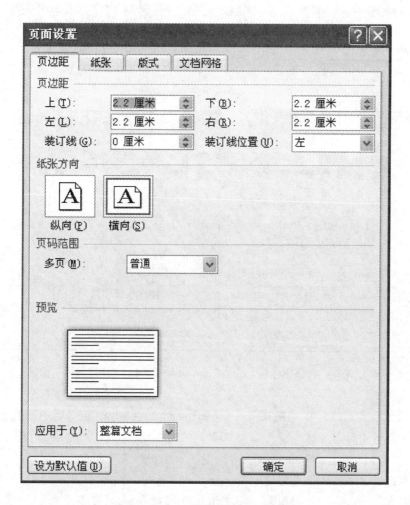

图 1 – 1 – 2　"页面设置"对话框

（4）在"纸张"选项卡中设置"纸张大小"为"自定义"，宽度为 21 厘米、高度为 29.7 厘米，应用于"整篇文档"。

（5）在"页边距"选项卡中设置页边距：上、下、左、右页边距都是 2.2 厘米；方向为"纵向"；应用于"本节"。设置完成后，单击"确定"按钮。

二、设置标题格式

（1）选择标题文字，选择"开始"→"字体"菜单命令，弹出"字体"对话框，如图 1-1-3 所示。

（2）在"字体"选项卡中的"中文字体"下拉列表中选择"黑体"；在"字形"下拉列表中选择"常规"；"字号"选择"一号"；"字体颜色"设置为"黑色"。

（3）在"字符间距"选项卡中设置：间距加宽 3 磅。设置完成后，单击"确定"按钮，如图 1-1-4 所示。

图 1-1-3 "字体"对话框   图 1-1-4 "字符间距"设置

（4）设置对齐方式：在"格式"工具栏 上单击"居中"按钮，将标题设置为居中对齐。

※提示：在设置字体格式时通常有三种方法。

（1）使用"开始"→"段落"→"缩进和间距"→"对齐方式"→"居中"命令，在弹出的"格式"对话框中完成设置。

（2）使用"段落"工具栏完成常用字体格式的设置。

（3）对选定的文字单击右键，在快捷菜单中选择"字体"命令，在弹出的"段落"对话框中完成设置。

三、分栏

（1）选择文字：将光标定位在正文的首部，即"卖方：北京华信集团"的前面，然后按下 Shift 键，在文档的结束位置单击鼠标左键，选择正文文字。

（2）分栏：选择"页面布局"→"分栏"菜单命令，在弹出的"分栏"对话框中进行如图 1 - 1 - 5 所示的设置：在"预设"中选择"两栏"；在"宽度和间距"中调整"间距"为"8 字符"。

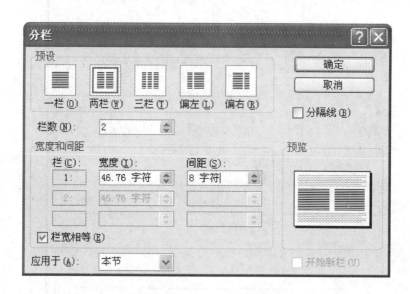

图 1 - 1 - 5　"分栏"对话框

四、设置正文格式

（1）分段：将光标定位在"买方：北京学友文化公司"的前面，然后按回车键，将正文的第一段分成两段。

（2）设置字体格式：使用前面的方法将正文选中。然后在"字体"工具栏中设置字体大小为"小四"。

（3）设置段落格式：保持前面的选中，选择"开始"→"段落"菜单命令，弹出"段落"对话框，如图 1 - 1 - 6 所示。设置对齐方式为"两端对齐"、首行缩进 2 字符、1.5 倍行距。

（4）调整正文第一、第二段的格式：选中第一、第二段的文字，即"卖方：……"和"买方：……"，然后将标尺上的"首行缩进"移动到文档的左边界，即设置无"首行缩进"。

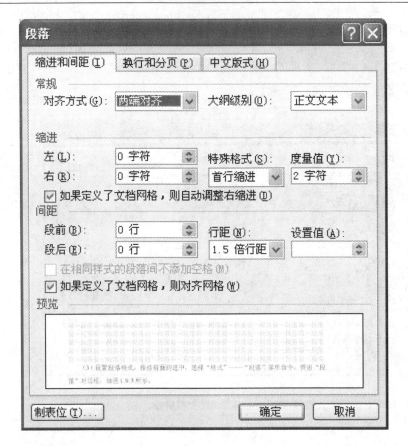

图1-1-6 "段落"对话框

※提示：在设置段落格式时通常有三种方法。

（1）使用"开始"→"段落"命令，在弹出的"段落"对话框中完成设置。

（2）使用"段落"工具栏上可以设置的段落格式只有对齐式和行间距（以行为单位）。

（3）使用标尺可以实现"首行缩进"、"悬挂缩进"、"左、右缩进"等操作。

（5）设置其他对象的格式：选中"一、合同签订"，使用（4）中同样的操作将其设置为无"首行缩进"，然后单击"字体"工具栏中的"加粗" B I U 按钮，将其设置为加粗效果。

（6）使用"格式刷"：选中（5）中编辑的文字，然后在"开始"工具栏上的"格式刷 ✐"工具上双击鼠标左键，在"二、付款条件"、"三、交货地点"、

"四、运输方式及费用负担"、"五、结算方式及期限"、"六、解决合同纠纷方式"等文字上面分别按下鼠标左键拖曳，即可将它们设置成与"一、合同签订"相同的格式。使用完毕需要在"格式刷"工具上单击鼠标左键，取消对格式刷的选择。

※提示："格式刷"的使用有单击和双击的区别："单击"只能使用一次；"双击"可以连续使用多次，但使用结束时要再次单击"格式刷"，取消对其的选择。

（7）利用回车键和空格键将正文的后部分进行调整，效果如图 1 – 1 – 7 所示。

卖　　方	买　　方
单位名称：北京华信集团	
单位地址：北京市丰台区五间楼 10 号	单位地址：北京学友文化公司
代表签字：	代表签字：
电话：01053035810	电话：
传真：01053035810	传真：
开户银行：中国农业银行	开户银行：
账号：11190101040007318	账号：
税号：110112071719688	税号：

图 1 – 1 – 7　正文后部分样本

（8）至此，完成了整个合同书的制作。

五、加密文档

（1）因合同书非常重要，需要进行保护，免得被他人随意更改。

（2）设置密码：选择"文件"→"保存"，在弹出的"另存为"对话框中选择"工具"下拉列表中的"常规选项"，在弹出的如图 1 – 1 – 8 的所示的"常规选项"对话框中根据需要可以设置"打开文件时的密码"和"修改文件时的密码"，两者的区别在于，当设置"打开"密码而没"修改"密码时，打开的文档是"只读"属性，也就是只能看而不能编辑文档。

 任务小结

本任务主要学习使用 Word 2010 编辑文档的方法，能根据文章内容设置字体

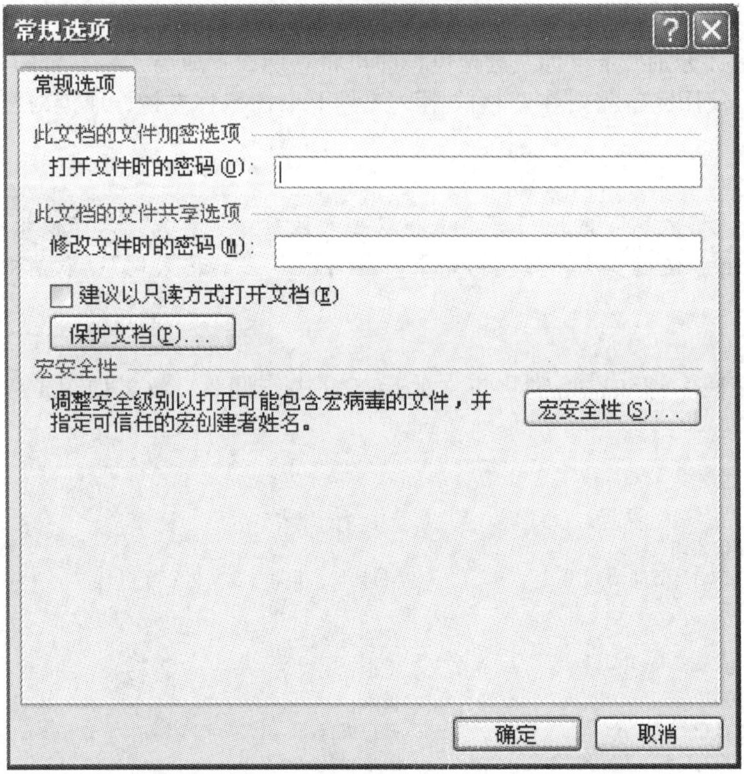

图 1 - 1 - 8 "常规选项"对话框

格式和段落格式，进行合理布局；使用"格式刷"快速编辑文档；使用"分栏"来排版文档；掌握页面设置的方法，设置纸张大小、方向和页边距；并能根据安全性的考虑给文档加密。任务虽然简单，但也包括了几个重要的知识点。

　　本任务的重点内容是字体格式和段落格式的设置以及密码的设置；难点是根据文章内容设置字体格式和段落格式，进行合理布局。

上机实训　制作招标书

　　请网上搜索招标书的格式，根据自己的观察，制作出"招标书（效果）.docx"文档的效果。并保存为"招标书.docx"。

※**提示：**要注意观察招标书的格式，记得给招标书加密。

任务二　设计任务流程图

任务说明

在很多日常的实际工作中，可能需要表达某个工作的过程或流程。有些工作的过程比较复杂，如果仅使用文字表达，通常是很难描述清楚的，不仅如此，听者也难以弄懂，在这种情况下，最好的方式就是绘制工作流程图，其直观性会让双方都大大获益。

本任务以制作网络采集图像流程图为实例，学习利用 Word 2010 的自选图形绘制流程图。本实例要用到各种形状，然后为这些形状设置格式，如线型、填充色、三维效果等。网络采集图像流程图最终效果如图 1 - 2 - 1 所示。

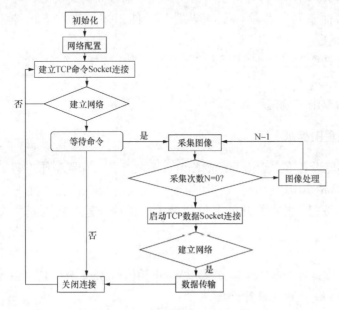

图 1 - 2 - 1　网络采集图像流程图样本

 学习目标

➢掌握图片、文本框的插入与编辑的方法。
➢掌握自选图形的绘制与编辑方法。
➢了解流程图中各种图形的含义。

 知识要点

➢绘制并编辑图形：矩形，设置边框和底纹。
➢各种图形的含义。

 任务实施

一、流程图页面设置

为了使流程图有较大的绘制空间，先来设置一下页面，页面设置步骤如下：
（1）启动 Word 2010，打开一个空白文档，并切换到页面视图。
（2）在"页面布局"菜单"页面设置"功能组中单击右下角按钮，打开"页面设置"对话框。
（3）在"页边距"选项卡中，设置上下边距为 1 厘米，左右边距为 2 厘米，如图 1 - 2 - 2 所示。
（4）完成后单击"确定"按钮。

二、制作流程图标题

基本工作环境设置好之后就开始制作流程图的标题，标题制作步骤如下：
（1）打开 Word 2010 文档窗口，切换到"插入"菜单，在"插图"功能组中单击"形状"按钮，并在打开的下拉列表中选择"新建绘图画布"命令，如图 1 - 2 - 3 所示。

※提示：必须使用画布，如果直接在 Word 2010 文档页面中直接插入形状会导致流程图之间无法使用连接符连接。

图 1-2-2　页边距设置

图 1-2-3　绘图画布设置

（2）选中绘图画布，在"插入"菜单的"插图"功能组中单击"形状"按钮，并在"基本形状"类型中选择"矩形"，在画布中拖出一个长长的矩形，高约为 2.61 厘米，如图 1-2-4 所示。

图 1-2-4　绘制矩形

（3）选中该矩形右击，在弹出的快捷菜单中选择"设置形状格式"，在弹出的对话框中，设置填充颜色为自定义颜色，红：255，绿：192，蓝：0。其他设置采用默认值。

（4）选中该矩形右击，在弹出的快捷菜单中选择"添加文字"命令，这时可以看到光标在矩形框内闪动，表示等待添加文字。

（5）在"插入"菜单的"文本"功能组中，单击"艺术字"按钮，弹出"艺术字库"下拉列表。选择第三行第四个艺术字，如图 1-2-5 所示。在矩形里输入"海南省财税学校计算机专业"。

（6）接下来按回车换行，输入"网络处理图像流程图"文字，并将其字体设置为"宋体"、"14"、"加粗"、"黑色"，对齐方式为"右对齐"。到这里为止标题就制作完成了，效果如图 1-2-6 所示。

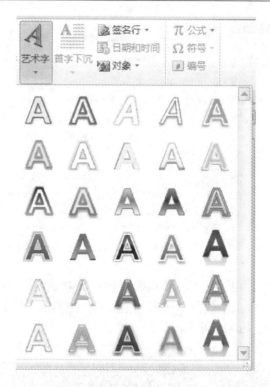

图 1 - 2 - 5 插入艺术字

海南省财税学校计算机专业

网络处理图像流程图

图 1 - 2 - 6 标题效果图

三、绘制流程图主体框架

接下来开始绘制流程图的框架。所谓绘制框架就是画出图形、将图形大致布局,并在其中输入文字。在这里大家可以体会到,如果已经做好草图,这里的操作将是比较轻松的,如果在这里边想边画,可能会耽搁很多时间。绘制流程图框架的步骤如下:

(1)先拖动"画布"右下角控制点,使其扩大面积到页面底部边缘,以便能容纳流程图的其他图形。

（2）在"插入"菜单的"插图"功能组中单击"形状"按钮，并在"流程图"类型中选择"过程"命令，在画布的恰当位置拖出一个小矩形。

（3）选中小矩形右击，在弹出的快捷菜单中选择"添加文字"命令，接着在其中输入文字"初始化"。

（4）用同样的方法，绘制其他图形，并在其中输入相应的文字，完成后的效果如图 1 - 2 - 7 所示。

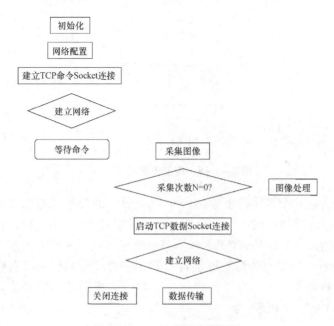

图 1 - 2 - 7　流程图主体框架

四、添加连接符

下面的工作是在流程图的各个图形之间添加连接符。连接符可以让阅读者更准确快速地把握工作流程的走向。

下面讲解添加连接箭头（连接符的一种）的操作：

（1）在"插入"菜单的"插图"功能组中单击"形状"按钮，并在"线条"类型中选择"箭头"命令。

（2）将鼠标指针指向第一个流程图图形（不必选中），则该图形四周将出现 4 个红色的连接点。鼠标指针指向其中一个连接点，然后按下鼠标左键拖动箭头至第二个流程图图形，则第二个流程图图形也将出现红色的连接点。定位到其中一个连接点并释放左键，两个流程图图形连接。成功连接流程图图形的连接符两端将显示红色的圆点，如图 1 - 2 - 8 所示。

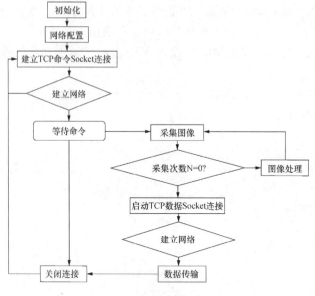

图 1 - 2 - 8　连接流程图

（3）接下来，在这个连接符上添加一个"矩形"的形状并右击该矩形，在弹出的快捷菜单中选择"添加文字"命令。在其中添加文字"N－1"，同时设置矩形框的线条颜色为"无线条颜色"，即不显示边框，设置矩形框的填充颜色为"白色"。添加完所有的"肘形箭头连接符"和说明性文字后，调节各图形，使左侧的图形为左右对齐，文字为"等待命令"和"采集图像"的两个矩形上下对齐，效果如图 1 - 2 - 9 所示。

五、美化流程图

美化流程图的步骤如下：

（1）选中文字为"初始化"的过程图形右击，在弹出的快捷菜单中选择"设置形状格式"。在"填充"选项卡中设置填充颜色为"纯色"，自定义颜色为红色：85、绿色：142、蓝色：213。设置"三维格式"为棱台顶端宽 3 磅，高 3 磅，深度为 0 磅，轮廓线为 0 磅；材料为"暖色粗糙"。用同样的方法，为其他过程图形也设置这种填充格式（用格式刷也可以刷成相同充式）。

（2）选中文字为"建立网络"的决策图形右击，在弹出的快捷菜单中选择"设置形状格式"。在"填充"选项卡中设置填充颜色为"纯色"，自定义颜色为红色：250、绿色：145、蓝色：6。设置"三维格式"为棱台顶端宽 3 磅，高 3 磅；深度为 0 磅，轮廓线为 0 磅；材料为"暖色粗糙"。用同样的方法，为其他决策图形也设置这种填充格式。

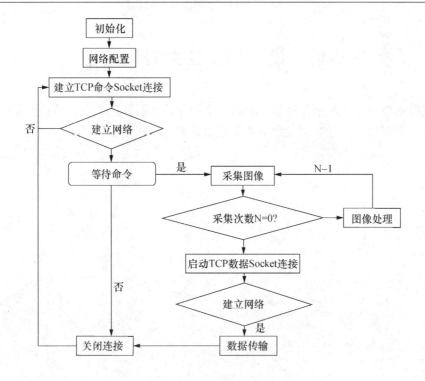

图 1-2-9　添加说明性文字

（3）选中文字为"等待命令"的准备图形右击，在弹出的快捷菜单中选择"设置形状格式"。在"填充"选项卡中设置填充颜色为"纯色"，自定义颜色为红色：243、绿色：121、蓝色：159。设置"三维格式"为棱台顶端宽 3 磅，高 3 磅，深度为 0 磅，轮廓线为 0 磅；材料为"暖色粗糙"。用同样的方法，为其他过程图形也设置这种填充格式。

 任务小结

本任务学习了 Word 2010 的形状的插入和基本设置。应掌握自选图形的绘制和缩放；自选图形的填充色、线条的线型和颜色的改变、连接符的绘制。使用"箭头"连接符和"肘形"连接符时，要重点注意的是，一定要让连接符的两端连接到两侧的图形，连接符两端如果显示红色的圆点，表示成功连接流程图图形。

上机实训　设计毕业论文制作过程

　　上网搜索毕业论文的制作过程，绘制一个毕业论文写作流程图，该流程图表示的是海南省财税学校计算机专业毕业生毕业论文的制作过程。

任务三　制作公司红头文件

 任务说明

　　红头文件是上级党政机关向下级发布的带有指示性的文件，现在一般的公司和企业也使用红头文件，因在文件的首页上方印有红色的文件题头，故称"红头文件"。红头文件的标题格式在本单位内一般相对固定，本任务是制作出如图1-3-1所示的红头文件。

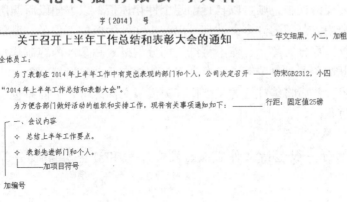

图1-3-1　红头文件样本

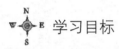 学习目标

　　➤熟练掌握使用 Word 2010 编辑文档，能根据文章内容选择合适的字体、字号及颜色等，合理布局，做到文档美观大方。

➢ 根据需要绘制及编辑自选图形。

➢ 插入艺术字，并能根据需要对艺术字进行熟练的编辑。

➢ 熟练掌握页面设置，掌握模板的保存方法。

 知识要点

➢ 标题格式设置，正文格式设置。

➢ 绘制并编辑图形：五角星、线段、圆。

➢ 插入艺术字，并编辑为印章形状。

➢ 设置纸张大小和页边距，保存及另存为模板。

 任务实施

一、创建公司红头模板文件

Word 2010 中的模板是一种特殊的文档类型，一般以 ".docx" 为后缀，打开模板时会创建模板本身的副本。Word 2010 提供了多种类型的模板供用户选择，如信函、传真、简历等模板类型，用户可以直接通过这些内置模板创建新文档，如果没有用户需要的模板，则可以自行创建个性化模板，以方便以后调用。

在日常办公中，公司的许多文件都是以红头文件的形式下发的。既然每次都要用到文件的红头部分，那么，何不将红头部分的格式和基本内容制作成模板的形式，这样，既避免了重复劳动，又提高了工作效率。创建模板文件首先应编排好模板文件内容，然后将编排好的文档保存为模板文件即可，下面是创建公司红头模板文件的过程。

1. 编辑红头模板文件

文件红头部分一般包括文件版头、发文字号和红色分隔线三部分，如图 1 - 3 - 2所示。

××文化传播有限公司文件

字〔2014〕 号

图 1 - 3 - 2 文件红头部分格式

文件版头格式：方正姚体，小初，加粗，红色字体。

发文字号格式：方正姚体，小四，黑色字体。

红色分隔线格式：颜色：红色；粗细：2.25 磅。

文本的格式设置在前面已经介绍过，用户自己完成。

在"发文字号"下面插入一条红色分隔线的具体操作步骤如下：

（1）将光标定位到"发文字号"下一行位置，切换到"插入"选项卡，在"插入"选项组中单击"形状"按钮，在弹出的下拉列表中单击直线"＼"，如图 1 – 3 – 3 所示。

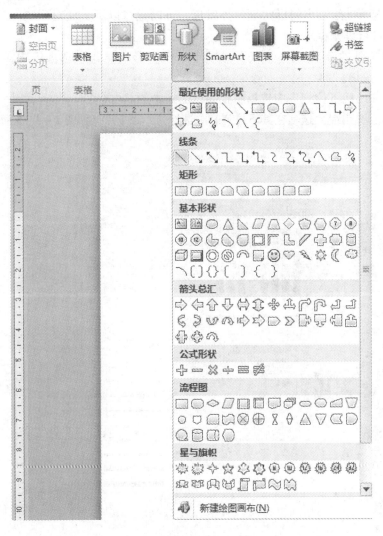

图 1 – 3 – 3　"形状"下拉列表

（2）这时，鼠标指针变成十字形状"＋"，在文档编辑区中按下鼠标左键并拖动，拖动到适当位置，释放鼠标，即可绘制出一条直线，如图1-3-4所示。

××文化传播有限公司文件

字〔2014〕 号

图1-3-4 绘制出的直线

默认情况下，绘制出的形状颜色为黑色，可以通过以下方法对形状的颜色、粗细等样式进行设置：

（1）切换到"绘图工具/格式"选项卡，在"形状样式"选项组中，单击"形状轮廓"按钮。

（2）在弹出的下拉列表中选择主题颜色面板中的"红色"。

（3）单击"粗细"选项在其下拉列表中选择"2.25磅"，如图1-3-5所示。

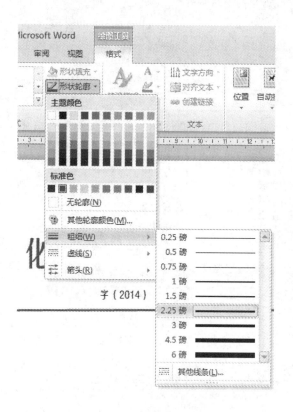

图1-3-5 对形状进行粗细设置

这时，绘制的直线已设置为 2.25 磅粗细的红色线条，如图 1-3-6 所示。

××文化传播有限公司文件

字（2014）　号

图 1-3-6　设置后的效果

2. 将新建红头文件保存为模板

具体操作步骤如下：

（1）单击"文件"按钮，在弹出的下拉菜单中选择"另存为"命令。

（2）弹出"另存为"对话框，在"文件名"文本框内输入模板文件名"公司红头文件模板"，如图 1-3-7 所示。

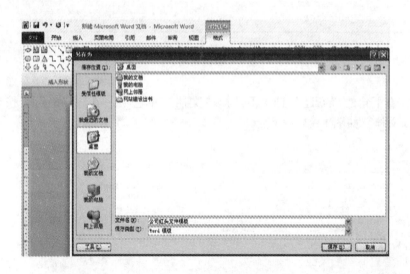

图 1-3-7　设置模板文件名

（3）单击"保存"按钮，即可将编辑好的文件保存为模板文件。

二、根据模板创建新文档

模板制作好之后，就可以通过模板来创建新文档，从而可以直接应用模板内的格式和内容。具体操作步骤如下：

（1）单击"文件"按钮，在弹出的下拉菜单中执行"新建"命令，弹出

"新建文档"对话框。

（2）在左侧列表框中选择"我的模板"选项，弹出"新建"对话框，选择已创建的"公司红头文件模板.docx"文件，如图1-3-8所示。

图1-3-8 "新建"对话框

（3）在右下角的"新建"选项下选择"文档"单选项，单击"确定"按钮即可创建新文档，如图1-3-9所示。

图1-3-9 根据模板文件创建的新文档

三、项目符号和编号的设置

使用"公司红头文件模板"创建新文档后，下一步将进行"会议通知"正文的制作。按照文档排版的操作流程，首先输入通知标题和正文等文本内容，然后再进行格式设置，本任务相关格式要求如图 1 – 3 – 10 所示。

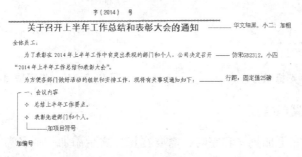

图 1 – 3 – 10　相关格式要求

字体、字形、字号及行间距的设置在前面已经介绍过，用户自己完成。下面将介绍怎样为段落添加编号和项目符号。

1. 添加编号

"会议内容"、"参会人员"、"到会时间"和"会议地点"是本通知需要体现的核心内容。为了突出重点，使文件整体框架更加清晰，所有内容一目了然，可以对这 4 项内容进行编号设置。具体操作步骤如下：

（1）按"Ctrl"键依次选中以上 4 项不连续的内容。

（2）在"开始"选项卡的"段落"选项组中，单击"编号"按钮右侧的下拉按钮。

（3）在弹出的下拉列表中单击第 2 行第 1 列样式，即可为所选段落添加所选编号，如图 1 – 3 – 11 所示。

2. 添加项目符号

"会议内容"下面有 4 项并列内容，为使并列的内容更加美观、更有条理，需要用项目符号将并列内容标出。具体操作步骤如下：

（1）选定"会议内容"下的 4 段文字。

（2）在"开始"选项卡的"段落"选项组中，单击"项目符号"按钮右侧的下拉按钮。

（3）在弹出的下拉列表中单击样式，即可为所选段落添加项目符号，如图 1 – 3 – 12 所示。

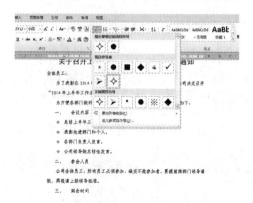

图1-3-11　选择编号样式　　　　　　　　图1-3-12　选择项目符号

四、为附件设置超链接

为了使通知内容更加具体和完善，需要在正文之后添加一个名为"受表彰部门及个人名单"的附件。各部门接到通过后，只需按住"Ctrl"键单击附件内容便可打开附件文件。该附件设置超链接的具体操作步骤如下：

（1）选定"附件：受表彰部门及个人名单"文本内容。

（2）在选定区域内单击鼠标右键，在弹出的快捷菜单中执行"超链接"命令，如图1-3-13所示。

图1-3-13　执行"超链接"命令

（3）弹出"插入超链接"对话框，选择"链接到"下的"现有文件或网页"选项，在"查找范围"对应的下拉列表中选择附件所在位置，并选定需链接文件"通知附件 . docx"，如图 1 - 3 - 14 所示。

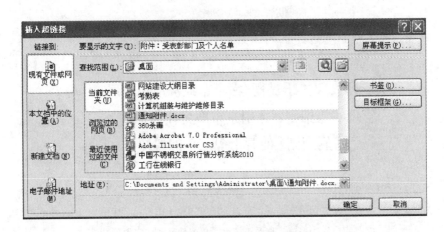

图 1 - 3 - 14　设置链接文件

（4）单击"确定"按钮即可完成对选定文本的超链接。

 任务小结

本任务主要学习红头文件的制作，掌握红头文件的格式和制作方法。掌握标题格式和正文格式的设置；能绘制并编辑图形；插入艺术字，并灵活应用艺术字的变形制作出印章效果；设置纸张大小和页边距；模板的创建与应用。

本任务的重点内容是红头文件格式的设置。

上机实训　制作公文文档

南京市房产管理局文件"关于印发若干规定的通知"的公文如图 1 - 3 - 15 所示。请根据提供的公文样图制作公文文档。

南京市房产管理局文件

宁房管〔2008〕298号

关于印发《关于贯彻〈南京市经济适用住房
管理实施细则〉、〈南京市廉租住房保障
实施细则〉的若干规定》的通知

各有关区房管局，局属各单位、机关各处室：

为进一步贯彻落实国家、省关于住房保障工作相关文件精神，完善我市住房保障工作政策体系，更好地开展住房保障管理工作，经研究制定《关于贯彻〈南京市经济适用住房管理实施细则〉，〈南京市廉租住房保障实施细则〉的若干规定》，现印发给你们，请遵照执行。

特此通知。

二〇〇八年十一月二十五日

图1-3-15 公文样图

任务四 设计产品宣传单

 任务说明

  宣传单是日常生活中常见的广告形式，一般采用专业软件制作。其实，Word 2010 的图文混排，也可以应对一般的宣传单制作。通过本例学习，你将学会图文混排的基本操作，包括绘图工具的使用，颜色、大小、版式的设置，艺术字和图片的编辑等。制作完成后如图 1 – 4 – 1 所示。

图 1 – 4 – 1 制作效果图

学习目标

➢掌握使用 Word 2010 进行"图文混排"的方法，能根据文章内容设置字体格式和段落格式，合理布局，使文档美观大方。

➢能插入图片和艺术字，并能根据需要对图片和艺术字进行熟练的编辑。

➢掌握"页面设置"的方法，灵活设置页面。

 知识要点

➢标题格式设置，正文格式设置；字体格式和段落格式的设置。

➢插入"文本框"，在文本框中插入图片和输入文字，编辑图片和文本框。

➢插入艺术字并进行编辑。

➢设置纸张大小和页边距。

 任务实施

一、页面设置

（1）设置纸张大小。在"页面布局"选项卡下的"页面设置"功能区中，单击"纸张大小"下拉列表框，选择 A5 纸张，如图 1-4-2 所示。

图 1-4-2　设置纸张大小

图 1-4-3　设置页边距

（2）设置页边距。在"页面布局"选项卡下的"页面设置"功能区中，单击"页边距"下拉列表框，选择自带的"窄"边距，如图1-4-3所示。

二、背景设置

在"页面布局"选项卡下的"页面背景"功能区中，单击"页面颜色"下拉列表框，选择"橙色，强调文字颜色6，深色25%"，如图1-4-4所示。

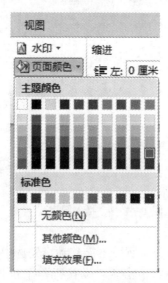

图1-4-4　设置页面颜色

三、插入图片

1. 插入素材中的"白菜.gif"

（1）在"插入"选项卡下的"插图"功能区里，单击"图片"按钮，如图1-4-5所示。

图1-4-5　"插图"功能区

（2）在"插入图片"对话框中，找到图片所在的地址，选中"白菜．gif"，单击"插入"按钮，插入素材图片，如图1－4－6所示。

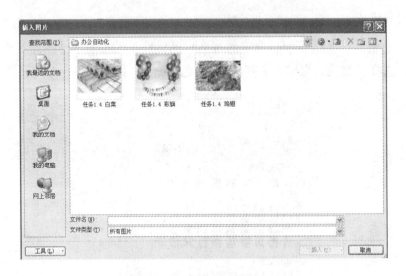

图1－4－6　插入图片

（3）由于图片嵌在文字中间，所以不能移动。先选中素材图片，在"格式"选项卡下的"排列"功能区里，单击"自动换行"下拉列表框，选中"浮于文字上方"。

2.调整图片位置和大小

选中素材图片，在图片的周围出现8个白色的小点，按住鼠标拖动白色小点可以改变图片大小。

用同样的方式插入其他图片。

四、制作餐厅名字

1.设置文字格式

在"插入"选项卡下的"文本"功能区里，单击"文本框"下拉列表框，选中"简单文本框"，插入横排文本框。输入文字"北京三哥鸡翅"，设置字体：黑体，颜色：白色，字形：加粗，字号：48。

2.设置文本框样式

（1）选中文本框，在"格式"选项卡下的"形状样式"功能区里，单击"形状填充"下拉列表框，选中"无颜色填充"。

（2）选中文本框，在"格式"选项卡下的"形状样式"功能区里，单击

"形状轮廓"下拉列表框,选中"无轮廓"。

3. 设置文字艺术字样式

(1) 选中餐厅名称,在"格式"选项卡下的"艺术字样式"功能区里,单击"文本轮廓"下拉列表框,选择"橙色,强调文字颜色6,淡色40%"。

(2) 选中餐厅名称,在"格式"选项卡下的"艺术字样式"功能区里,单击"文本效果"下拉列表框,选中"阴影"中的"外部"第1个样式。

五、制作艺术字

(1) 在"插入"选项卡下的"插图"功能区中,选择"形状"下拉列表框,单击矩形。在文档中按住鼠标左键,拖动出一个矩形。

(2) 在"格式"选项卡下的"形状样式"功能区中,选择"形状填充",填充色为"白色",形状轮廓选择"白色"。调整大小。

(3) 选中矩形,鼠标移动到绿色的旋转手柄处,当出现一个带箭头的黑色的半封闭圆时,按住鼠标左键旋转矩形。

(4) 选中矩形,在"格式"选项卡下的"插入形状"功能区中,选择"编辑形状"下拉列表框,单击"编辑顶点"按钮,对顶点进行编辑。

(5) 在"插入"选项卡下的"文本"功能区里,选中"艺术字"下拉列表框,插入"填充红色,强调文字颜色2,暖色粗糙棱台"。输入文字:"您家的第二个厨房!"

(6) 调整文字大小,调整位置,像旋转矩形一样旋转到合适的位置。

(7) 在"开始"选项卡下的"字体"功能区中打开"字体"对话框,把字符间距调整为3磅,如图1-4-7所示。

图1-4-7 制作艺术字

六、制作优惠时间区域

（1）在"插入"选项卡下的"插图"功能区里，选择"形状"下拉列表框，单击"星与旗帜"中的"爆炸形1"。在图中合适的位置拖选出一个爆炸形。

（2）在"格式"选项卡下的"形状样式"功能区中，填充色设为"无填充颜色"，轮廓设为"白色"，线条设为"6磅"。

（3）在"格式"选项卡下的"排列"功能区中，把爆炸形移动到底层。

（4）插入一个文本框，输入"即日起至2014年8月31日"，在"格式"选项卡下的"形状样式"功能区中，填充色设为"无填充颜色"，轮廓设置为"无轮廓"。调整文字大小、颜色、行距、对齐方式和位置，如图1-4-8所示。

图1-4-8 制作优惠时间

七、制作抵用券区域

（1）在"插入"选项卡下的"插图"功能区里，单击"形状"下拉列表框，选中椭圆。左手按住Shift键，右手单击鼠标在文档合适的位置绘制一个正圆，使其叠放在文档的底层。

（2）在"格式"选项卡下的"形状样式"功能区中，单击形状样式的"其他"选项，打开系统内置的形状样式，选择"中等效果，红色，强调颜色2"。

（3）插入两个文本框，一个输入"60"，另外一个输入"消费满120元免费送元抵用券"，文本框填充色和轮廓都设置成"无"，调整文字大小、颜色、行距、对齐方式和位置。

图1-4-9 制作抵用券

（4）插入文本框，输入文字"全市三店同时可以使用"，文本框填充色和轮廓都设置成"无"。

（5）在"格式"选项卡下的"艺术字样式"功能区中，单击"文本效果"下拉列表框，选择"转换"下"跟随路径"里的"圆"。

（6）调整文本框的大小，调整文字大小、颜色、行距、对齐方式和位置，使其半包围抵用券，如图1-4-9所示。

八、制作餐厅地址栏

（1）插入文本框，输入三店地址文字。

（2）文本框填充色和轮廓都设置成"无"，调整文字大小、颜色、行距、对齐方式和位置，如图1－4－10所示。制作完成后进行保存。

图1－4－10　制作地址栏

 任务小结

本任务主要学习用 Word 2010 进行"图文混排"的方法，掌握根据文章内容设置字体格式和段落格式的方法和技巧；学习插入"图文框"、插入图片和艺术字，并能根据需要对它们进行熟练的编辑。

本任务的重点内容是"图文混排"，难点内容是根据文章内容设置字体格式和段落格式的方法和技巧。

※提示：在设置文本框的版式时本任务没有详细介绍，老师在上课时可重点介绍。

上机实训　制作公司简介

上网搜索一家公司，根据自己的观察，制作出"公司简介（效果）.docx"文档的效果，并保存。

※提示：（1）正文格式：华文中宋、1.5倍行距、段前距为6磅。

（2）页眉使用的是"插入"→"自动图文集"→"页眉/页脚"→"作者、页码、日期"。

任务五　制作工资发放花名册

 任务说明

　　员工工资表是单位必须创建的表格，很多单位都会通过电子表格做简易的工资条发给员工。通过本例学习，你将学会文字的录入、数据的自动填充、数据的简单计算等内容。由于实际工资表要做扣税，需要一定的财会知识，所以本任务中我们实际制作了一张简单的"员工工资表"，制作完成如图 1 - 5 - 1 所示。

北京华信集团
工资发放花名册

姓名	应发部分					
	基本工资	年限工资	岗位工资	项目资金	医疗补贴	小计
周春晖	2840	200	1200	300	500	
孙建民	3565	300	1100	500	800	
赵秀兰	3200	300	1050	800	900	
陈良胜	2750	150	1200	900	700	
戴梦良	3850	120	1300	1000	1300	
刘　晖	3425	500	1500	1500	1500	

负责人：　　　　　　　　会计：　　　　　　　　　　　制表日期：

图 1 - 5 - 1　员工工资表样本

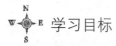 学习目标

　➤熟练掌握 Word 2010 中表格制作，能根据具体的需要，灵活地设置表格的行高和列宽，选择合适的字号及颜色等，合理布局，做到表格美观。

➤掌握页面设置的方法，美化整个文档。

知识要点

➤表格的插入，单元格的合并，行高和列宽的调整，边框和底纹的设置。
➤设置页面大小和页边距。

任务实施

一、设计表头

（1）在制作表格前，首先要设计表格草图，根据需要来确定表格的表头、行标题、行数和列数，然后来具体制作。

（2）选择标题文字，在"格式"工具栏的"字体"下拉列表框中选择"黑体"；"字号"下拉列表框中选择"一号"，加粗，居中对齐。

（3）使用同样的方法，将副标题文字"工资发放花名册"设置为：黑体、二号、加粗、居中对齐。如图1-5-2所示。

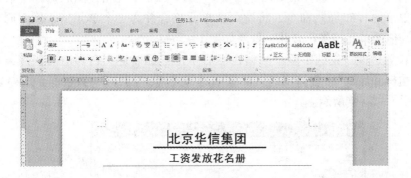

图1-5-2　制作标题

（4）依次单击"插入"→"形状"→"直线"，打开绘图工具栏，然后选择"直线"工具，按住 Shift 键并按下鼠标左键拖曳，绘制水平直线，然后设置线的粗细为3磅，颜色为黑色。

二、插入并编辑表格

（1）选择"表格"→"插入"→"表格"菜单命令，打开"插入表格"对话框，设置为 16 列 22 行，如图 1 – 5 – 3 所示。

图 1 – 5 – 3 设置表格行、列数

（2）合并单元格：选择第 1 列中的第 1、第 2 两个单元格，然后选择"表格工具"菜单下的"布局"命令，将这两个单元格合并为一个单元格，使用同样的方法对其他的单元格进行合并，效果如图 1 – 5 – 1 所示。

（3）设置边框：先选中整个表格，然后单击鼠标右键，在弹出的快捷菜单中选择"边框和底纹"，在弹出的对话框中进行设置："网格"型边框，"双线"线型，如图 1 – 5 – 4 所示。

图 1 – 5 – 4 设置边框

（4）设置底纹：先选中表格中的第一列，然后单击鼠标右键，在弹出的快捷菜单中选择"边框和底纹"，在弹出的对话框中的"底纹"选项卡中进行设置："填充"25%的灰色，"应用于"单元格，如图 1 - 5 - 5 所示。设置完后，单击"确定"按钮。

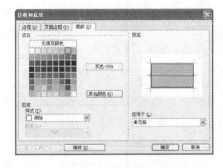

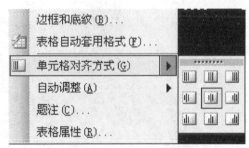

图 1 - 5 - 5　设置底纹　　　　　　　图 1 - 5 - 6　设置对齐

（5）使用同样的操作方法，分别将"应发部分"、"应扣部分"、"实发工资"等 3 列都设置为"浅绿色"底纹。

（6）输入文字和数值：对照图 1 - 5 - 1 输入文字和数值。

（7）设置对齐：选中整个表格，然后单击鼠标右键，进行如图 1 - 5 - 6 的选择，设置为水平垂直居中。

（8）调整列宽：将鼠标指针放在表格的网格线上，当其变成分开的双向箭头时，按下鼠标左键拖动，即可调整两侧单元格的列宽。根据需要可以将各列单独调整。

※提示：调整列宽有多种情况。

（1）精确调整是指通过"表格属性"对话框来设置固定的列宽。如图 1 - 5 - 7 所示。

（2）粗略调整。

①调整单列的列宽：将鼠标指针放在表格的网格线上，当其变成分开的双向箭头时，按下鼠标左键拖动，即可调整两侧单元格的列宽。

②同时调整多列的列宽：先选择连续的多列，然后单击鼠标右键，在弹出的快捷菜单中选择"平均分布各列"。也可以通过选择"表格"→"自动调整"→"平均分布各列"菜单命令来实现。

③调整单个单元格的列宽：首先选择该单元格，然后将鼠标指针放在该单元格的网格线上，当其变成分开的双向箭头时，按下鼠标左键拖动，即可调整该单元格的列宽。

图 1 - 5 - 7　表格属性

（9）调整行高：调整行高的方法和调整列宽的方法相似，这里不再介绍。

 任务小结

本任务主要学习表格的制作及公式的应用。掌握表格的插入，单元格的合并，行高和列宽的调整，边框和底纹的设置及设置页面大小和页边距。

本任务的重点内容是表格的制作与编辑。

上机实训　制作员工基本信息表

制作一个"员工基本信息表.docx"文档的表格，包括员工姓名、性别、年龄、家庭住址、联系方式等内容。

※提示：这里使用了"表格"→"标题行重复"菜单命令，使每一页都有标题行。

任务六　制作汽车全年销量统计图表

任务说明

销售工作是很多人都会做的工作，对销售的产品进行必要的统计可以梳理销售情况，做好市场预测。通过本例学习，你将学会单元格格式的设置、常用函数的使用、计算的自动填充、数据图表化、图表格式化等内容。制作完成如图1-6-1所示。

2014年8月25日

全年汽车销售统计图表

品牌 车辆数 \ 季度	第一季度	第二季度	第三季度	第四季度
桑塔纳	183	156	185	200
捷达	133	130	170	157
别克	148	130	145	163
本田	183	190	140	208
荣通	120	102	132	149
马自达	103	99	111	127

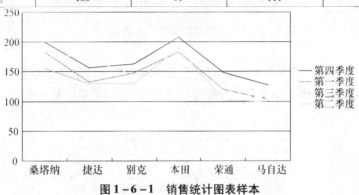

图1-6-1　销售统计图表样本

 学习目标

➤熟练掌握 Word 2010 中的表格制作，掌握制作"绘制斜线表头"的方法，灵活地设置表格的行高和列宽、边框和底纹，做到表格美观。

➤掌握 Word 2010 表格中插入"图表"的方法，能根据需要来灵活地编辑图表。

➤函数的运用。

 知识要点

➤表格的制作，"斜线表头"的制作，行高和列宽的调整，边框和底纹的设置。

➤"图表"的插入与编辑。

➤数据统计函数的运用。

 任务实施

一、设置"页眉和页脚"

（1）打开文档后，在文档的上方双击，同时出现如图 1 - 6 - 2 所示的"页眉和页脚"工具栏。

图 1 - 6 - 2   "页眉和页脚"工具栏

（2）插入"日期"等内容后，此时在页眉中将出现相应的文字信息。

（3）调整位置：调整页眉中各个对象的对齐方式和位置关系。效果如图 1 - 6 - 3 所示。

2014年8月25日

图 1 - 6 - 3   "页眉"效果示例

二、插入并编辑表格

（1）制作标题：输入"全年汽车销售统计图表"作为标题，设置为：黑色，楷体，小二，加粗，居中对齐。

（2）绘制直线：选择"绘图"工具栏中的直线工具，在（1）的标题下面绘制直线，设置为：黑色，1.5磅。效果如图1－6－4所示。

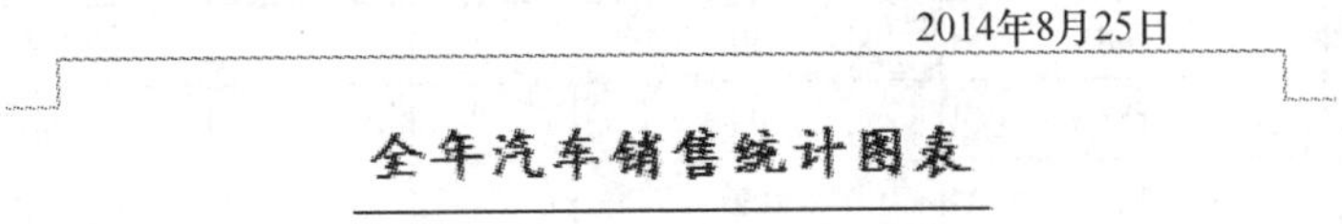

2014年8月25日

全年汽车销售统计图表

图1－6－4 标题示例

（3）插入表格：选择"插入"→"表格"菜单命令，打开"插入表格"对话框，设置为5列7行。

（4）绘制斜线表头：选择"插入"→"形状"→"直线"，插入后效果如图1－6－5所示。

图1－6－5 斜线表头示例

（5）输入并设置文字格式：在表格中输入如图1－6－1所示的文字信息，然后设置文字格式：宋体，五号，水平、垂直都居中。

（6）调整行高和列宽：设置第1列后6行的行高为1厘米，后4列"平均分布各列"。

（7）设置底纹：设置第1行的后4个单元格和第1列的后6个单元格的填充颜色为"浅青绿色"。效果如图1－6－6所示。

三、制作"图表"

（1）选择表格：鼠标指向表格时，单击表格左上角出现的图形 ⊕ 即可。

（2）选择"插入"→"图片"→"图表"菜单命令，出现如图1－6－7所示的图和表。

（3）关闭"数据表"：单击"数据表"右上角红色的"关闭"按钮将其关闭。

2014年8月25日

全年汽车销售统计图表

车辆数 品牌 \ 季度	第一季度	第二季度	第三季度	第四季度
桑塔纳	183	156	185	200
捷达	133	130	170	157
别克	148	130	145	163
本田	183	190	140	208
荣通	120	102	132	149
马自达	103	99	111	127

图 1-6-6　设置底纹示例

2014年8月25日

全年汽车销售统计图表

车辆数 品牌 \ 季度	第一季度	第二季度	第三季度	第四季度
桑塔纳	183	156	185	200
捷达	133	130	170	157
别克	148	130	145	163
本田	183	190	140	208
荣通	120	102	132	149
马自达	103	99	111	127

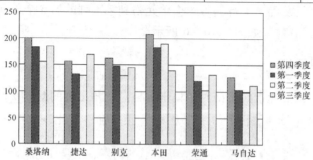

图 1-6-7　插入图表

（4）调整图表大小：将鼠标指针移到图表的右下角，当指针变成双向箭头时，按下鼠标左键拖曳，适当调整图表的大小。

（5）更改图表类型：当鼠标指针移到图表区域内时，会出现提示文字。将鼠标指针移到图表区域内，当出现提示文字"图表区域"时，单击鼠标右键，弹出如图1-6-8所示的快捷菜单。

图1-6-8 更改图表类型快捷菜单

在快捷菜单中选择"更改图表类型"，弹出如图1-6-9所示的对话框，设置图表类型为"折线图"，子图表类型为"数据点折线图"，单击"确定"。

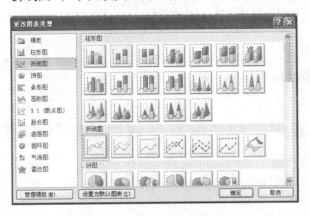

图1-6-9 更改图表类型对话框

（6）设置"图表区域"的填充颜色：在"图表区域"中单击鼠标右键，在弹出的快捷菜单中选择"设置图表区格式"，弹出如图1-6-10所示的对话框，单击"填充效果"按钮，在弹出的对话框中选择"纹理"选项中的"大理石"纹理。单击"确定"。效果如图1-6-11所示。

图1-6-10　设置图表区格式对话框　　　　图1-6-11　填充颜色效果示例

至此，完成了图表的全部操作。

 任务小结

本任务主要学习图表的制作及其优化。掌握表格的制作，图表的插入，图表的编辑方法和编辑技巧；掌握制作"斜线表头"的方法。

本任务的重点内容是图表的制作及其优化，难点是对图表的编辑。

※提示：本任务由于篇幅的需要，没对图表的所有编辑项目做深入的介绍，希望老师在讲课的过程中可以展开讨论。

上机实训　制作汽车区域销售统计图表

制作一个"汽车区域销售统计图表.docx"文档的图表。

※提示：在"绘图区"中使用的是双色的"中心辐射"效果。

任务七　制作名片

 任务说明

名片是以个人名字为主体的介绍卡片，它具有介绍、沟通、留存纪念等多种功能。个人名片能让对方在不认识你的情况下，初步了解你的个人信息；可以让对方在忘记你的情况下，通过阅读记起你；可以提升自己和公司的形象等。给予名片是对对方的尊重，有了名片的交换，双方的结识就迈出了第一步，精美、个性化的名片，会给人留下深刻美好的印象。

黄文文是某公司的一名设计师，因业务需要，现要设计制作一份彰显个性、展现魅力的个人名片，样例如图1-7-1所示。

图1-7-1　个人名片样图

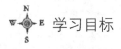 学习目标

➤学习色彩的应用，平面的构成，对象的布局，能根据需要选择合适的字

体、字号及颜色等，合理布局，做到美观大方。

➢ 根据需要绘制及编辑自选图形。

➢ 插入图片和文本框，并能根据需要对图片和文本框进行熟练的编辑。

➢ 熟练掌握页面设置。

 知识要点

➢ 纸张大小的设置和页边距的设置。

➢ 绘制并编辑图形：矩形，设置边框和底纹。

➢ 插入图片，并进行缩放和移动操作。

➢ 插入文本框，并能根据需要进行边框和底纹、缩放、移动等编辑。

➢ 文字的编辑。

 任务实施

一、自定义页面大小

启动 Word 2010，新建一个空白的 Word 文档，保存为"个人名片 . docx"。将其纸张大小设置为 21 厘米 ×28 厘米，上页边距 2 厘米，下页边距 2 厘米，左页边距 1.25 厘米，右页边距 1.25 厘米。具体操作步骤如下：

（1）单击"页面布局"菜单，在"页面设置"功能组中，单击右下角的按钮，如图 1 –7 –2 所示，即可弹出"页面设置"对话框。

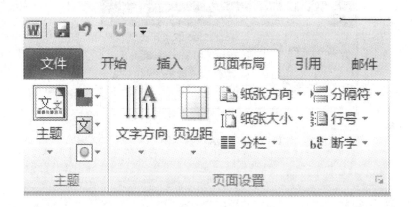

图 1 –7 –2 页面设置

（2）在"页面设置"对话框中选择"纸张"选项卡，在"纸张大小"下拉列表框中选择"自定义大小"，将"宽度"设置为 21 厘米，将"高度"设置为 28 厘米，如图 1 - 7 - 3 所示。

（3）切换到"页边距"选项卡，将上、下页边距都设置为 2 厘米，左、右页边距设置为 1.25 厘米，如图 1 - 7 - 4 所示。

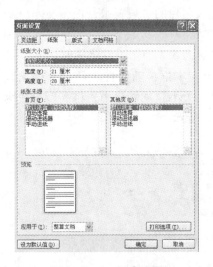

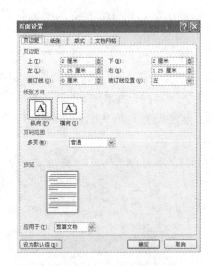

图 1 - 7 - 3　纸张设置　　　　　　　　图 1 - 7 - 4　页边距设置

（4）单击"确定"按钮。

二、绘制文本框

在 Word 中，文本框是指一种可移动、可调大小的文字或图形容器。使用文本框，可以在一页上放置数个文字块，或使文字按与文档中其他文字不同的方向排列。下面通过绘制文本框的方式来实现个人名片的制作。

在"个人名片.docx"中绘制一个文本框。操作步骤如下：

（1）单击"插入"菜单的"文本"功能组中的"文本框"按钮，如图 1 - 7 - 5 所示，在弹出的列表中选择"绘制文本框"选项，这时鼠标指针会变成" + "。

图 1 - 7 - 5　绘制文本框

（2）在文档合适的位置按住鼠标左键往右下角拖动到适当的大小后，停止拖动并松开鼠标左键，即绘制出一个空文本框。

三、设置文本框格式

由于文本框是一种图形对象，因此可以为文本框设置各种边框格式，选择填充颜色，添加阴影，改变大小等。下面根据个人名片的一般要求，设置文本框的大小。

将文本框的宽度设置为 8.9 厘米，高度设置为 5.4 厘米。具体操作如下：

单击文本框边框的任一位置，以选定整个文本框，随即在工具栏上会出现"绘图工具"工具栏，单击"格式"菜单，在"大小"功能组中，将高度设置为5.4 厘米，宽度设置为 8.9 厘米，如图 1 - 7 - 6 所示。

图 1 - 7 - 6　文本框大小设置

四、输入名片内容并设置其格式

在文本框内可以键入文字，使用各种字体字号及字符间距，调整行距和对齐方式等，也可以再插入文本框、线条、图片等信息，并可对其格式进行设置。下面通过在文本框内插入矩形、椭圆、文本框、线条，键入文字，设置文字和图形的格式等一系列的操作，制作出如图 1 - 7 - 7 所示的单张个人名片。

图 1 - 7 - 7　单张个人名片

具体操作如下：

（1）在刚才已经设置好的文本框中的适当位置画一个高度约为0.9厘米，宽度等于原文本框宽度的长方形。操作步骤为：选中原文本框，在弹出的"绘图工具"工具栏中单击"格式"菜单，在其左边的"插入形状"功能组中选择"矩形"，移动鼠标箭头到文本框的合适位置，按住鼠标左键拖动，画出一个矩形。选中该矩形，将其高度设置为0.9厘米，宽度设为8.9厘米。单击"形状填充"按钮将其填充为"红色"，单击"形状轮廓"按钮将其设为"黑色"、"0.75磅"实线轮廓。

（2）在矩形靠左边的适当位置画一个椭圆，高度稍微比矩形的高度高一些，填充为白色，无轮廓。具体可参考上面的设置方法进行设置。

（3）在椭圆上方插入一个文本框，将文本框的"形状填充"设置"无填充颜色"，"形状轮廓"设置为"无轮廓"。在文本框内添加一个"创"字，将字体设置为"华文新魏"、"初号"、"加粗"。选中该文本框，在其四周将会出现一些方块或圆块，把鼠标箭头放在这些方块或圆块上，按住鼠标左键往外或往里拖，即可调整文本框的大小，直到能够完整显示"创"字即可。

※提示：文本框里的字符格式和段落格式的设置方法跟一般文档中的设置方法相同。也可以采用直接右击椭圆，在其弹出的下拉菜单中选择"添加文字"的方法，直接在椭圆中添加"创"字。但这样做出来的效果不是很好，于是编者采用在椭圆上再加一个文本框的方法。

（4）在名片的右上角的合适位置插入一个文本框，输入第一行内容"黄文文设计师"，换行，输入手机号码13210000000，设置字符格式，将"黄文文"设置为"华文新魏"、"三号"，"设计师"设置为"宋体"、"小五"，手机号码设置为"仿宋"、"小四"。

（5）在姓名和手机号码之间画一条适当长度的水平直线。

（6）在名片的左下角适当的位置插入一个文本框，分两行输入公司名称"Creative Design 创意设计"。依照自己的想法，设置合适的字符和段落格式。

（7）在名片的右下角再插入一个文本框，输入其他内容，如地址、电话、邮箱和QQ等信息，并设置其格式。

（8）适当调整一下名片中各对象的位置，一张美观大方的名片就制作好了。

（9）为了更好地固定名片中各对象的位置，方便移动，可以把名片中所有对象进行组合。方法是：先选中第一个对象矩形，按住 Shift 键，同时依次选中椭圆、"创"字文本框、直线、姓名文本框、公司名称文本框及地址文本框和外边整个大文本框。松开 Shift 键，移动鼠标，当鼠标变成带四个方向的箭头形状时，右击，在弹出的快捷菜单中选择"组合"，即可将所有对象进行组合，形成一个整体。

※提示：（1）在选定对象时，可能会出现某个对象被其他对象覆盖而无法选中的情况，此时应先将被覆盖的对象上移一层或置于顶层，再进行选定。

（2）组合后的对象也可以通过右击，在弹出的快捷菜单中选择"取消组合"，使各个对象从中分解出来。

五、制作多张相同的名片

要制作多张相同的名片，可以将第一张名片进行复制后，进行多次粘贴操作，得到多张名片。方法是：单击名片的边缘，选中第一张名片右击，在弹出的快捷菜单中选择"复制"，将其复制到剪贴板里。再右击文档空白的地方，在弹出的快捷菜单中选择"粘贴选项"中的"保留源格式"项，得到另一张名片，再如此粘贴 2 次，一共得到 4 张名片。

六、合理对齐分布多张名片

为了节省纸张，可以在一页纸内放置多张名片。如何在一张 A4 纸内整齐均匀地放置多张名片呢？下面以刚做好的名片为例来说明排版方法。根据单张名片的大小可估算出在设置好的页面中大概能排列 8 张名片。具体的操作方法如下：

（1）选定某一张名片，按住鼠标左键将其移动到页面的左下角，松开鼠标。单击"格式"菜单，在"排列"功能组中单击"对齐"按钮，在弹出的下拉列表中选择"对齐边距"选项，再次单击"对齐"按钮，在弹出的下拉列表中选择"底端对齐"选项。

（2）选定另一张名片，将其移到页面的左上角，单击"格式"菜单，在"排列"功能组中单击"对齐"按钮，在弹出的下拉列表中选择"对齐边距"选项，再次单击"对齐"按钮，在弹出的下拉列表中选择"顶端对齐"选项。

（3）把页面内的 4 张名片都选中。方法是：选中其中一张后，按住 Shift 键，依次选中其他 3 张。单击"格式"→"排列"中的"对齐"按钮，在弹出的下拉列表中选择"对齐边距"；再次单击"对齐"按钮，在弹出的下拉列表中选择"左对齐"；再次单击"对齐"按钮，在弹出的下拉列表中选择"纵向分布"。

（4）在此 4 张名片都还处于被选中的状态下，单击"格式"→"排列"中的"组合"按钮，在弹出的下拉列表中选择"组合"，将这 4 张名片进行组合。

（5）在这个组合对象被选中的状态下，按下 Ctrl + C 键进行复制，再按 Ctrl + V 键进行粘贴，得到另外 4 张名片。

（6）通过操作方向键整体移动后 4 张名片的位置，使其与前 4 张名片水平对齐分布，设置右对齐边距。

经过以上几步操作后，一版整齐的名片就制作出来了。当然，上述制作的是个人名片的正面，读者们可以根据正面的内容，发挥想象和创意，设计制作出有特色的该名片的背面来。

 任务小结

本任务主要以个人名片制作为实例，重点讲解了文本框的应用，包括文本框的插入，文本框格式的设置，在文本框中输入文本及其格式设置，在文本框中再插入文本框、线条、矩形、椭圆等形状的操作，图形的组合、复制、对齐分布等。

文本框可以看作是特殊的图形对象，主要用来在文档中建立特殊文本。因为文本框内的文字格式可以独立于页面的文字格式，所以文本框的作用非常大，当页面内的某些文字需要单独设置格式时，都可以通过绘制文本框的方式来实现。可以为文本框设置各种边框格式、选择填充颜色、添加阴影，改变大小等，也可以为放置在文本框内的文字和图形设置格式。要为文本框设置格式，必须先选中文本框本身。要为文本框里面的文字或图形设置格式，必须先选中设置的文字或图形本身。

通过本任务的学习，在以后的学习、生活、工作中，如果遇到要制作公司或个人名片、明信片、贺卡、通讯录等情况时，相信你将会得心应手、游刃有余。

上机实训　制作信封

自找素材，制作一份个人名片，以其活泼生动的图文安排，展现属于自我个性的创新风格，图文形式不拘泥于水平、垂直形式，依其均衡的形式编排图文。

任务八　制作工作卡

 任务说明

　　工作卡在单位里相当于员工的第二张身份证，标识着员工的职务和权限。本次任务就是学习用"邮件合并"的方法批量制作员工的彩色工作卡。如图1-8-1所示的工作卡。

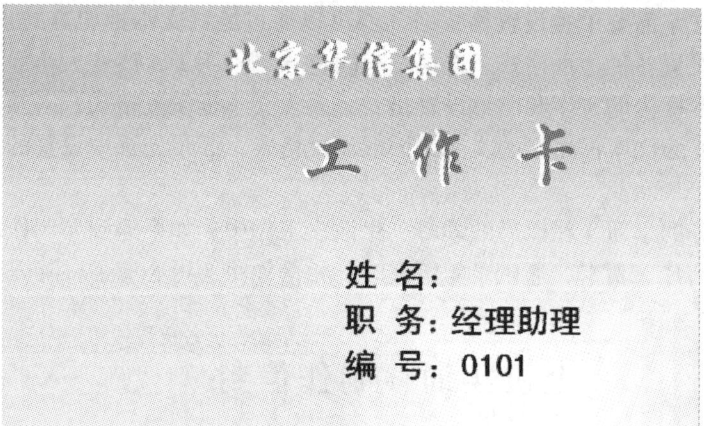

北京华信集团

工 作 卡

姓　名：
职　务：经理助理
编　号：0101

图1-8-1　工作卡样图

学习目标

➤进一步学习色彩的应用，平面的构成，对象的布局，做到美观大方。
➤根据需要绘制及编辑自选图形。
➤插入图片和文本框，并能根据需要对图片和文本框进行熟练的编辑。

➢掌握使用"邮件合并"的基本操作。

 知识要点

➢纸张大小的设置和页边距的设置。
➢绘制并编辑图形：矩形，设置边框和底纹。
➢插入文本框，并能根据需要进行边框和底纹、缩放、移动等编辑。
➢编辑文字。
➢"邮件合并"的应用。

 任务实施

一、设置页面

（1）设置"纸张"：选择"文件"→"页面设置"菜单命令，弹出"页面设置"对话框，选择"纸张"选项卡，如图1－8－2所示。设置宽为9厘米、高为5.5厘米。

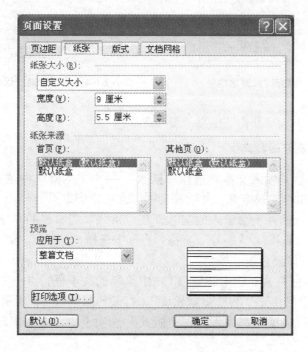

图1－8－2　设置纸张

（2）设置"页边距"：在"页面设置"对话框中，选择"页边距"选项卡，设置上、下、左、右的页边距都为0cm。

二、设置背景颜色

（1）将鼠标定位在当前页面，然后选择"页面背景"→"页面颜色"，在显示的面板中单击"填充效果"，如图1-8-3所示。

（2）在弹出的"填充效果"对话框中的"渐变"选项卡中设置：颜色为"双色"（颜色1为白色，颜色2为水绿色），底纹样式为"中心辐射"，变形选择第1个，如图1-8-4所示。

图1-8-3　填充效果对话框　　　　图1-8-4　填充效果对话框

（3）单击"确定"按钮，完成背景的设置。

三、插入文本框并编辑文字

（1）插入文本框并输入文本：选择"插入"→"文本框"→"横排"，在绘图区的外面按下鼠标左键拖曳，并输入文本"北京华信集团"。

（2）编辑文本：选择上面输入的文本，在"格式"工具栏的"字体"下拉列表框中选择"华文行楷"，"字号"下拉列表框中选择"三号"，设置字体样式为"加粗"，设置字体颜色为"橙色"。

（3）设置文本框格式：选中步骤（1）中绘制的文本框，点击"格式"→"形状样式"→"形状填充"和"形状轮廓"，打开如图1-8-5所示的对话框。设置：填充颜色和线条颜色都为无；在"版式"选项卡中设置文字环绕方式为"浮于文字上方"。

图 1 - 8 - 5　文本框格式对话框

（4）复制文本框：将步骤（1）～步骤（3）制作的文本框复制一个，并将复制的文本框中文本的颜色设置为"白色"。

（5）调整文本框的位置：将步骤（4）中复制得到的文本框移到原文本框上并细调其位置，使之产生"阴影"效果，如图 1 - 8 - 6 所示。

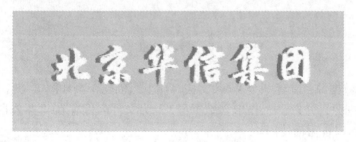

图 1 - 8 - 6　调整文本框位置

（6）使用步骤（1）～步骤（4）的方法插入文本框，并输入文本"工作卡"，设置：字体为"华文行楷"、"一号"、中间有一个空格；上面字体的颜色为"橙色"，下面字体的颜色为"白色"。调整其位置，效果如图 1 - 8 - 7 所示。

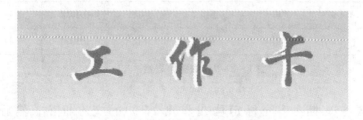

图 1 - 8 - 7　制作"工作卡"文本框

四、邮件合并

（1）"邮件合并"的意义："邮件合并"可以对固定格式、部分内容变化的文件实现成批处理，避免做重复性的工作，提高工作效率。

（2）插入文本框：在如图 1－8－8 所示的位置插入文本框，并设置为无填充颜色；输入文字并设置为黑体、四号、加粗，同行的两个字之间加一个空格。

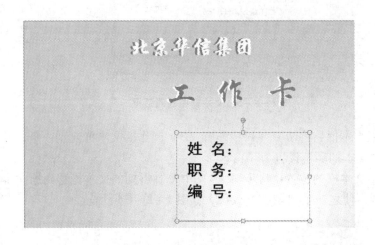

图 1－8－8　插入文本框

（3）创建数据源：新建一个 Word 文档，在里面创建一个如图 1－8－9 所示的表格作为数据源，并以"工作卡（数据源）"为文件名保存在"办公自动化/任务 1.8"中，以备后面使用。

编号	姓名	性别	出生日期	籍贯	身份证号	职务
0101	范××	女	1986	山东	372924	经理助理
0201	刘××	男	1982	山西	142731	业务经理
0202	周××	男	1982	北京	101010	业务经理
0203	王××	男	1982	北京	101010	业务经理

图 1－8－9　数据源表格

（4）设置主文档：将光标定位在步骤（2）的文本框中，然后选择"邮件"→"开始邮件合并"→"邮件合并分步向导"菜单命令，弹出如

图 1 - 8 - 10 所示的"邮件合并"任务窗口。选择"信函"类型，然后单击"下一步：正在启动文档"。

（5）如图 1 - 8 - 11 所示，选择"使用当前文档"，然后单击"下一步：选取收件人"。

（6）如图 1 - 8 - 12 所示，选择"使用现有列表"，然后单击"浏览…"按钮，打开前面创建的数据源，如图 1 - 8 - 13 所示。

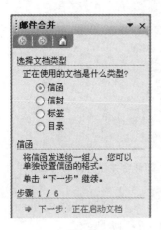

图 1 - 8 - 10　邮件
合并任务窗口（一）

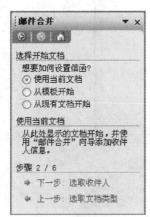

图 1 - 8 - 11　邮件
合并任务窗口（二）

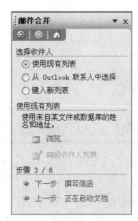

图 1 - 8 - 12　邮件
合并任务窗口（三）

图 1 - 8 - 13　选取数据源对话框

图 1 - 8 - 14　邮件合并收件人对话框

（7）单击"打开"按钮，弹出如图 1 - 8 - 14 所示的对话框，然后单击"确定"按钮，返回到图 1 - 8 - 12 中，然后单击"下一步：撰写信函"。

（8）如图 1 - 8 - 15 所示，先将光标定位到文本框中"姓名"的后面，然后单击图 1 - 8 - 16 中的"其他项目…"按钮。

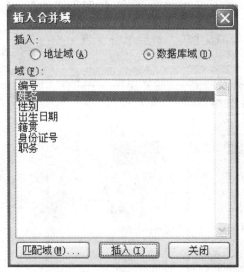

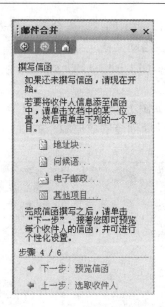

图 1 - 8 - 15　插入合并域对话框　　　　图 1 - 8 - 16　邮件合并任务窗口（四）

（9）在"域"列表中选择"姓名"，之后单击"插入"按钮，然后单击"关闭"按钮，完成插入"姓名"域的操作，结果如图 1 - 8 - 17 所示。

（10）使用同样的方法分别插入"职务"域和"编号"域。

（11）单击图 1 - 8 - 16 中的"下一步：预览信函"，弹出如图 1 - 8 - 18 所示的任务窗口，并且各个域也实现了合并后的效果。

图 1 - 8 - 17　插入"姓名"域　　　　　图 1 - 8 - 18　预览信函任务窗口

（12）如果预览效果满意，单击图 1 - 8 - 16 中的"下一步：预览信函"，实现"邮件合并"，如果效果不满意，按"上一步：××××××"返回重做。

（13）将本文档命名保存。

五、嵌入图片

为了美观，这里在贴照片的位置插入了一个椭圆，无填充轮廓，设置填充颜色为"图片"，该图片位于"办公自动化/任务 1.8"中，图片名称为"头像"，最终效果如图 1 - 8 - 1 所示。

 任务小结

本任务主要学习"邮件合并"的使用方法，大家在学习的时候要注意创建数据源时使用表格，并且有标题行；另外在制作过程中注意色彩的选择、平面的构成，各种元素的布局要合理。

本任务的重点内容是"邮件合并"的应用，难点是在"邮件合并"过程中每个功能选项的作用，本任务没有做详细的说明，希望老师在上课过程中注意提示。

上机实训 制作邀请函

网上搜索"邀请函"文档的格式。请根据自己的观察，制作出"邀请函"文档的效果。然后使用"邮件合并"功能邀请几位人士，保存为"邀请函（邮件）"。

※提示：（1）在制作文件的底部图片效果时，使用的是插入图片并设置"衬于文字下方"的环绕方式，调整大小使之充满整个文档，该图片名为"背景.jpg"。

（2）在使用"邮件合并"之前，首先要自己创建数据源文件。

任务九　设计公司文件夹

 任务说明

　　文件夹是现代商务办公的必需品，用来将资料进行归类收藏。为了突出公司的形象，公司的文件夹通常根据自己的需要来设计。本任务就是使用 Word 2010设计一个文件夹，进一步体验绘制自选图形的魅力，如图 1 – 9 – 1 所示。

图 1 – 9 – 1　文件夹样图

 学习目标

　　➢熟练掌握使用"自选图形"中的"任意多边形"绘制图形的方法和编辑技巧。

　　➢根据需要来设计绘制图形的边框和底纹。

　　➢插入艺术字，并能根据需要对艺术字进行熟练的编辑。

　　➢根据平面构成的理论，对界面中的对象进行整体布局，选择合适的字体、字号及颜色等，做到合理布局，美观大方。

知识要点

➤ 绘制任意多边形和规则图形。
➤ 设置对象的边框和底纹，设置对象的层次，调整对象的位置。
➤ 插入艺术字，并编辑为拱形。文本框的插入与编辑。
➤ 页面的设置。
➤ 字体的设计。

　任务实施

一、页面的设置

（1）设置纸张大小：在设置纸张大小之前要先了解所设计的文件夹的大小，当前的文件夹主要是用来存放 A4 纸型的文件夹，所以文件夹的大小通常为 23cm × 32cm。为了绘图方便，我们在设置纸张大小时通常会比文件夹要大，这里设置纸张大小为：宽为 32 厘米、高为 44 厘米。

（2）设置页边距：将上、下、左、右的页边距都设置为 2 厘米。

二、绘制任意多边形

（1）选择"任意多边形"工具：在"插入"工具栏中选择"形状"→"线条"→"任意多边形"命令，如图 1 – 9 – 2 所示。

图 1 – 9 – 2　"形状"对话框

图 1 – 9 – 3　绘制前封面

（2）绘制前封面：在绘图区域外的空白处单击鼠标左键，然后按住 Shift 键的同时移动鼠标，在目标位置处单击鼠标左键，画一条水平线段，然后再画斜线段，最后形状如图 1-9-3 所示。

（3）调整图形的大小：在步骤（2）中所画图形上单击鼠标左键，选中该图形，然后单击鼠标右键，在弹出的快捷菜单中选择"设置自选图形格式"，在"格式"→"大小"里如图 1-9-4 设置：高度为 32cm、宽度为 23cm、取消"锁定纵横比"。

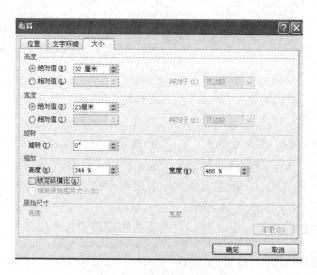

图 1-9-4　调整图形大小

（4）调整图形的位置：将图形移动到合适的位置，以便于创建其他的图形。

（5）使用步骤（1）～步骤（3）的操作方法，绘制"前封面"上用来装卡片的袋子。如图 1-9-5 所示。

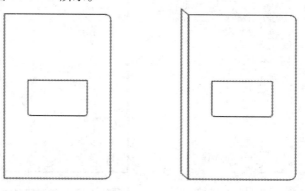

图 1-9-5　绘制卡片袋　　　　图 1-9-6　绘制文件夹棱

（6）绘制文件夹的棱：使用任意多边形绘图工具绘制如图1-9-6所示的多边形作为文件夹的棱。

※提示：注意：在绘制时要以"前封面"的高为棱的长度。

三、设置图形的边框和底纹

（1）设置"填充"颜色：选择"前封面"图形，单击鼠标右键，在弹出的快捷菜单中选择"设置形状格式"。在弹出的对话框中的"填充"选项卡中选择"图片或纹理填充"为"纹理"。如图1-9-7所示。

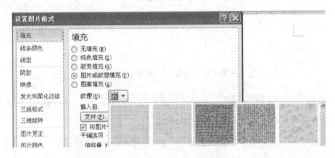

图1-9-7 填充颜色

（2）在弹出的"填充效果"对话框中的"纹理"选项卡中选择"斜纹布"。如图1-9-8所示。

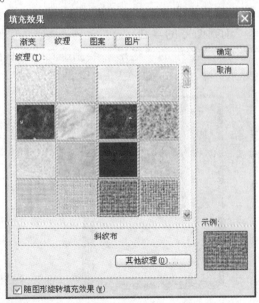

图1-9-8 填充效果

（3）设置"线条"颜色：在图1-9-7中设置"线条颜色"为"靛蓝"、粗细为2.25磅，如图1-9-9所示。

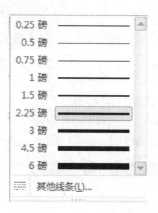

图1-9-9 设置线条颜色

（4）使用同样的方法设置"棱"的填充颜色为"水滴"纹理，"线条颜色"为"靛蓝"、粗细为2.25磅。

（5）使用同样的方法设置"前封面"上用来装卡片的袋子的填充颜色为"白色"，"线条颜色"为"黑色"、粗细为0.75磅。

四、制作"后封面"

（1）复制"前封面"：选择"前封面"，然后按Ctrl+C（复制），Ctrl+V（粘贴）组合键，完成对"前封面"的复制。

（2）画矩形：使用绘图工具栏中的"矩形"绘制工具，在页面中绘制矩形，大小比刚刚复制的"前封面"略小。如图1-9-10所示。

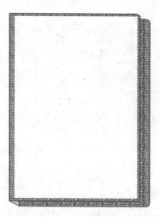

图1-9-10 绘制矩形

（3）组合图形：先选中刚刚绘制的矩形，再按住 Shift 键单击步骤（1）中复制的图形，然后单击鼠标右键，在弹出的快捷菜单中选择"组合"→"组合"命令，将这两个图形组合在一起，完成"后封面"的制作。

（4）调整"叠放次序"：在组合后的图形上单击鼠标右键，在弹出的如图 1 – 9 – 11 所示的快捷菜单中选择"叠放次序"→"置于底层"命令，将该图形放置在其他图形的下面。

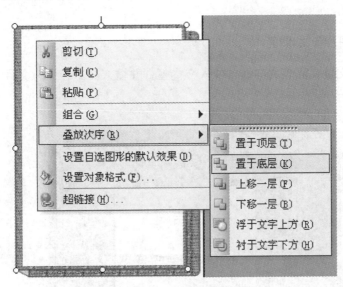

图 1 – 9 – 11　调整叠放次序

（5）调整图形位置：将"后封面"的左上角和"棱"的左上角对齐即可，效果如图 1 – 9 – 12 所示。

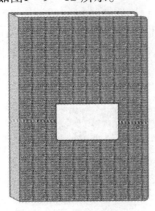

图 1 – 9 – 12　调整图形位置

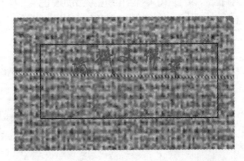

图 1 – 9 – 13　调整艺术字大小和位置

五、插入艺术字

（1）选择"插入"→"文本"→"艺术字"菜单命令，在弹出的对话框中选择"方正行楷繁体"，单击"确定"。

（2）调整艺术字的大小和位置：选中艺术字后，在艺术字的周围出现控制柄，调整这些控制柄的位置即可调整艺术字的大小和位置，调整后的效果如图 1 - 9 - 13 所示。

六、插入图片和文本框

（1）插入文件夹标签文本框：插入文本框，并输入文字，作为文件夹标签，效果如图 1 - 9 - 14 所示。

图 1 - 9 - 14 插入文件夹标签文本框

（2）插入公司信息文本框：在"前封面"的底部插入用来书写公司相关信息的文本框，设置文本框的"填充颜色"为"蓝色面巾色"纹理。效果如图 1 - 9 - 15 所示。

图 1 - 9 - 15 插入公司信息文本框

至此公司资料文件夹制作完毕，保存即可。

 任务小结

本任务主要学习公司文件夹的制作，掌握任意多边形绘制的方法和编辑技巧，掌握图形对象的颜色搭配并能使之协调；掌握艺术字的编辑技巧，能根据需要灵活调整艺术字的形状；掌握安装字体的方法。

本任务的重点内容是学习自选图形的绘制与编辑，立体效果图形的制作。难点内容是多边形绘制的方法及其编辑。

上机实训 制作公司信纸

请根据自己的网上搜索和观察，制作出"信纸 . docx"文档的效果，并保存。

任务十　制作公司海报

 任务说明

　　海报是一种信息传递艺术，是一种大众化的宣传工具。海报设计必须有相当的号召力与艺术感染力，要调动形象、色彩、构图、形式感等因素，形成强烈的视觉效果；它的画面应有较强的视觉中心，应力求新颖、简单，还必须具有独特的艺术风格和设计特点。

　　宣传海报的内容通常既包含文字又包含图片、图形等，属于图文混排型文档。本任务案例为制作某公司"十一"黄金周笔记本电脑的宣传海报。作为产品宣传海报，首先要给顾客以价格上的刺激，所以价格应使用一些醒目的形状并填充鲜艳的颜色进行标识。另外，活动期间的一些优惠、抽奖等促销方案也应以特殊格式突出显示，使顾客一目了然，以达到突出卖点、刺激消费者购买的目的。除了展示产品信息和促销手段外，别忘了告诉顾客具体的活动地址和联系方式，否则顾客想买也不知道去哪里找。

　　"宣传海报"效果如图 1 - 10 - 1 所示。

图 1 - 10 - 1　宣传海报样本

学习目标

➢掌握使用 Word 2010 编辑文档的方法，能根据文章内容设置字体格式和段落格式，合理布局，做到文档美观大方。

➢能插入图片和艺术字，并能根据需要对图片和艺术字进行熟练的编辑。

➢熟练掌握页面设置的方法，能给页面添加边框。

 知识要点

➢标题格式设置，正文格式设置。

➢用表格进行版面布局。

➢插入艺术字作为副标题；插入图片作为页面背景。

➢设置纸张大小和页边距，添加页面边框。

任务实施

一、用表格进行版面布局

在制作宣传海报之前，首先要设计海报的整体版面布局。为了使海报的整体结构更加合理，对海报的内容更加便于操作，使用表格来进行整个版面的布局。用表格确定版面布局的优点是整个版面整洁、有条理，各个单元格的内容互不影响，方便用户对各部分进行单独编辑，且为日后修改打下基础。用表格进行版面布局的具体操作如下。

1. 页面设置

海报的具体大小应根据实际情况确定，这里自定义海报的大小为宽度 26 厘米，高度 22 厘米，如图 1-10-2 所示。

作为海报，页边距不应设置太大，为了有效利用每一寸宣传空间，设置上、下、左、右页边距均为 1 厘米，设置纸张方向为"横向"，如图 1-10-3 所示。

2. 设计表格布局版面

（1）设计表格布局版面，首先要确定表格的行数和列数。经过分析，本海报主要由标题区、产品展示区和信息区 3 部分组成，标题区占 1 行，产品展示区占 3 行，两者之间空 1 行，信息区占 1 行，所以表格的行数应设置为 6 行。纵向划分为：产品展示区占 3 列，奖品展示区占 1 列，所以表格的列数应设置为 4

列。根据以上分析，需要插入一个6行4列的表格。插入的表格如图1-10-4所示。

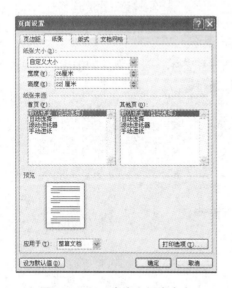

图1-10-2　自定义纸张大小

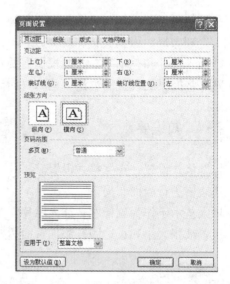

图1-10-3　设置页边距和纸张方向

图1-10-4　插入的表格

（2）对生成表格进行拆分与合并，得到如图1-10-5所示效果的表格。

图1-10-5　拆分与合并后的表格

（3）设置各单元格的大小。根据实际需要以及版面布局大小，需将表格第1

行高度设置为 3 厘米，第 3～第 5 行高度设置为 3.5 厘米，第 6 行高度设置为 2.8 厘米。具体操作为：选定表格第 1 行，切换到"表格工具/布局"选项卡，设置"单元格大小"下的"表格行高度"为 3 厘米。同样的方法，按要求设置好其他行的高度。

（4）将表格边框设为无色，并呈虚线形式显示。在设计过程中表格只是起到规划结构、布局版面的目的，而真正显示时表格的边框线反而影响了整个画面的美观。我们既要显示表格的边框线以便于观察，又要不影响海报的美观，只要将表格边框设为无色，并呈虚线显示就可以了。操作步骤为：选定整个表格，切换到"表格工具/设计"选项卡，单击"表样式"选项组下的"边框"按钮，在下拉列表中选择"无框线"，如图 1-10-6 所示，这时表格边框将设为无色。

切换到"表格工具/布局"选项卡，单击"表"选项组下的"查看网格线"按钮，使按钮呈"选中"状态，如图 1-10-7 所示。

表格边框将呈虚线形式显示，效果如图 1-10-8 所示。

图 1-10-6 将表格边框设置为无边框

图1-10-7　将"查看网格线"设置为选中状态

图1-10-8　表格最终效果

二、使用艺术字制作海报标题

海报的标题应该符合海报的整体风格，而且要醒目有特点。本任务案例使用艺术字制作海报标题，具体操作步骤如下：

（1）将光标定位到表格第1行第1个单元格，切换到"插入"选项卡，单击"文本"选项组中的"艺术字"按钮，在弹出的样式表中选择"艺术字样式"，如图1-10-9所示。

弹出"编辑艺术字文字"对话框，在"文本"框中输入文字"欢乐十一，购机有奖"，设置"字号"为40，选中"加粗"按钮。单击"确定"按钮插入艺术字，效果如图1-10-10所示。

图 1 - 10 - 9　选择艺术字样式

图 1 - 10 - 10　艺术字效果

（2）选定插入的艺术字，切换到"艺术字工具/格式"选项卡，单击"排列"选项组中的"文字环绕"按钮，在下拉列表中选择"浮于文字上方"选项，如图 1 - 10 - 11 所示。

（3）为标题设置背景图片。将光标定位到第 1 行第 1 个单元格，单击"插入"→"插图"选项组下的"图片"按钮，在弹出的"插入图片"对话框中选择需插入的背景图片文件，如图 1 - 10 - 12 所示，单击"插入"按钮，即可将选定图片插入单元格中。

选定插入图片，单击"排列"选项组中的"文字环绕"按钮，在下拉列表中选择"衬于文字下方"选项，调整图片的大小和位置，得到如图 1 - 10 - 13 所示效果。

图 1-10-11　设置文字环绕方式

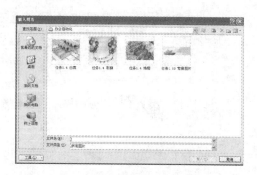

图 1-10-12　插入背景图片

图 1-10-13　海报标题制作效果

三、制作产品展示栏

产品展示栏是海报的主体内容，也是海报的主要宣传对象。为了使其更加直观，需要插入产品相关的图片进行展示。这就用到 Word 中的外部图片引用功能和图文混排设置。

（1）输入海报文字内容，并设置字体格式为：宋体，五号，加粗。

（2）文字编辑完成后，下面插入图片来美化单元格。按照前面讲过的插入标题背景图片的方法插入对应的图片，并把"文字环绕"设置为"紧密型环绕"，然后调整图片的位置和大小，效果如图 1-10-14 所示。

四、用自选图形装饰版面

为了突出购机价格上的优惠，使用自选图形对价格进行装饰。具体步骤如下：

（1）切换到"插入"选项卡，单击"插图"选项组下的"形状"按钮，在弹出的列表中选择"星与旗帜"下的"爆炸形 1"选项，拖动鼠标左键绘制出如图 1-10-15 所示的图形。

（2）将图形拖动到合适位置，选定图形，单击鼠标右键，在弹出的快捷菜单中执行"添加文字"命令，输入数字"4150"，效果如图 1-10-16 所示。

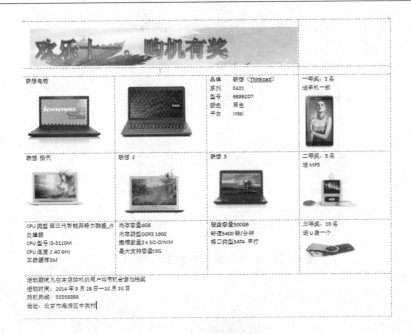

图 1 - 10 - 14 插入图片后的效果

4150

图 1 - 10 - 15 插入自选图形　　　　**图 1 - 10 - 16 为自选图形添加文字**

（3）选定图形，单击鼠标右键，在弹出的快捷菜单中执行"设置自选图形格式"命令，弹出"设置形状格式"对话框，将"填充"→"颜色"设置为"红色"，"透明度"设置为"0%"，将"线条颜色"设置为"无颜色"，如图 1 - 10 - 17 所示。

单击"确定"按钮，得到如图 1 - 10 - 18 所示的图形效果。

（4）同样的方法，为每件产品设置如图 1 - 10 - 18 所示的图形效果。

（5）本次宣传方案吸引人的不仅是诱人的价格，还有学生购机优惠10%，以及购机即可抽奖等优惠活动。通过设置艺术字和设置自选图形的方式突出这两项亮点，以达到震撼和醒目的效果，使得海报更加生动，效果如图 1 - 10 - 19 所示。

图 1 - 10 - 17　设置自选图形格式

图 1 - 10 - 18　自选图形最终效果

图 1 - 10 - 19　完善版面内容后的效果

（6）制作到这里海报的主要内容已基本完成。为了增加海报的渲染力度，使整个页面的色彩更加协调，最后，再为海报设置适当的底纹填充效果。具体操作步骤：选定产品展示区所在表格，切换到"表格工具/设计"选项卡，单击"表样式"选项组下的"底纹"按钮，在弹出的颜色面板中选择适合的颜色。用同样的方法为信息区设置适合的底纹颜色，最后效果如图 1－10－1 所示。

 任务小结

本任务主要通过学习制作海报，掌握用表格进行版面布局的方法，掌握设计海报标题的方法，掌握产品展示区的图文混排，掌握装饰海报版面的方法。

上机实训　制作旅游指南

上网搜索旅游海报，请根据自己的观察，制作出一份简单的旅游海报，并保存。

第二部分

Excel 2010 在财务中的应用

任务一　Excel 2010 的认识

 任务说明

Excel 2010 是微软公司推出的 Office 2010 办公系列软件的一个重要组成部分,主要用于电子表格处理,可以高效地完成各种表格和图的设计,进行复杂的数据计算和分析,广泛应用于财务、行政、金融、经济、统计和审计等众多领域,大大提高了数据处理的效率。

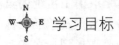 学习目标

➢ 初步认识 Excel 2010 的启动。
➢ 认识 Excel 2010 工作窗口界面中各部分的组成和功能。
➢ 掌握 Excel 2010 工具栏的自定义。

 知识要点

➢ 工具栏的调出和使用。
➢ 认识"格式"与"常用"工具栏的命令按钮。

 任务实施

一、Excel 2010 工作界面

启动 Excel 2010 后,可以看到如图 2 - 1 - 1 所示的工作界面。

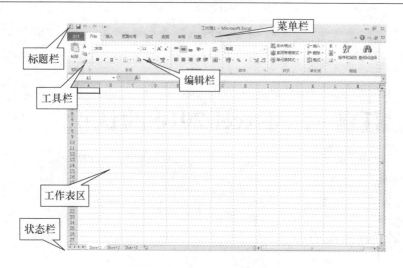

图 2 - 1 - 1　Excel 2010 启动界面

二、Excel 2010 的功能区

与旧版本的 Excel 2003 相比，Excel 2010 最明显的变化就是取消了传统的菜单操作方式，而代之于各种功能区。在 Excel 2010 窗口上方看起来像菜单的名称其实是功能区的名称，当单击这些名称时并不会打开菜单，而是切换到与之相对应的功能区。每个功能区根据功能的不同又分为若干个组，每个功能区所拥有的功能如下所述。

1. "开始"功能区

"开始"功能区中包括剪贴板、字体、对齐方式、数字、样式、单元格和编辑几个组，该功能区主要用于帮助用户对 Excel 表格进行文字编辑和单元格的格式设置，是用户最常用的功能区，如图 2 - 1 - 2 所示。

图 2 - 1 - 2　"开始"功能区

2. "插入"功能区

"插入"功能区包括表、插图、图表、迷你图、筛选器、链接、文本和符号几个组，主要用于在 Excel 表格中插入各种对象，如图 2 - 1 - 3 所示。

图 2 - 1 - 3　"插入"功能区

3. "页面布局"功能区

"页面布局"功能区包括主题、页面设置、调整为合适大小、工作表选项、排列几个组，用于帮助用户设置 Excel 表格页面样式，如图 2 - 1 - 4 所示。

图 2 - 1 - 4　"页面布局"功能区

4. "公式"功能区

"公式"功能区包括函数库、定义的名称、公式审核和计算几个组，用于实现在 Excel 表格中进行各种数据计算，如图 2 - 1 - 5 所示。

图 2 - 1 - 5　"公式"功能区

5. "数据"功能区

"数据"功能区包括获取外部数据、连接、排序和筛选、数据工具和分级显示几个组，主要用于在 Excel 表格中进行数据处理相关方面的操作，如图2 - 1 - 6 所示。

图 2 - 1 - 6　"数据"功能区

6."审阅"功能区

"审阅"功能区包括校对、中文简繁转换、语言、批注和更改 5 个组，主要用于对 Excel 表格进行校对和修订等操作，适用于多人协作处理 Excel 表格数据，如图 2-1-7 所示。

图 2-1-7　"审阅"功能区

7."视图"功能区

"视图"功能区包括工作簿视图、显示、显示比例、窗口和宏几个组，主要用于帮助用户设置 Excel 表格窗口的视图类型，以方便操作，如图 2-1-8 所示。

图 2-1-8　"视图"功能区

 任务小结

在本任务中，我们认识了什么是 Excel 2010，了解了它的功能、作用；简单介绍了它的界面和功能模块。重点和难点在于如何使用工具栏，当我们需要的工具栏没有显示出来时应该如何调出工具栏，这个是我们在本任务中必须掌握的。

上机实训　工具栏的自定义

实训要求：将 Excel 2010 自定义按钮拖动到工具栏上。

※提示：（1）打开 Excel 工作簿窗口，右键单击快速访问工具栏，并在打开的快捷菜单中选择"自定义快速访问工具栏"命令。

（2）打开"Excel 选项"对话框的"自定义"选项卡，在"自定义快速访问工具栏"下拉列表中选择"用于'工作簿 1'"选项。然后在左侧的命令列表中选中需要添加的命令，并单击"添加"按钮。完成自定义命令的添加后，单击"确定"按钮即可。

任务二　工作表的编辑

 任务说明

Excel 的主要功能是制作电子表格和在表格中进行数据处理，这一任务将介绍如何创建工作表以及对工作表区中的单元格进行编辑。

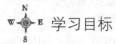 学习目标

➢认识工作簿、表等的基本概念，掌握它们的创建以及命名等。
➢掌握选定单个单元格、单元格区域的方法。
➢掌握在单元格中输入数据的方法。
➢掌握插入行、列、单元格的方法。

 知识要点

➢建立工作簿与工作表的步骤。
➢非连续单元格区域的选中。
➢多行/列的插入与删除。

 任务实施

一、基本概念

1. 工作簿

工作簿是指在 Excel 中用来存储并处理工作数据的文件，其扩展名是 .Xlsx。

在 Excel 中，一个工作簿就类似一本书，其中包含许多工作表，工作表中可以存储不同类型的数据。通常所说的 Excel 文件指的就是工作簿文件。

当启动 Excel 时，系统会自动创建一个新的工作簿文件，名称为"工作簿 1"，以后创建工作簿的名称默认为"工作簿 2"、"工作簿 3"等。

2. 工作表

工作表也称电子表格，是工作簿里的 1 个表，是 Excel 用来存储和处理数据的地方。Excel 的一个工作簿默认有 3 个工作表，用户可以根据需要添加工作表，每一个工作簿最多可以包括 255 个工作表。在工作表的标签上显示了系统默认的前 3 个工作表名 Sheet1、Sheet2、Sheet3。工作表名可以自行修改。

在一个工作簿中，无论有多少个工作表，将其保存时，都将会保存在同一个工作簿文件中，而不是按照工作表的个数保存。

3. 单元格

工作表中行、列交汇处的区域称为单元格，它可以存放文字、数字、公式和声音等信息。在 Excel 中，单元格是存储数据的基本单位。

（1）单元格的地址。在工作表中，每个单元格都有其固定的地址，一个地址也只表示 1 个单元格。单元格地址用"列标 + 行号"表示，如 A3 就表示位于 A 列与第 3 行交汇处的单元格，Sheet1 A4 表示该单元格是工作表 Sheet1 中的单元格 A4。1 个工作表共有 16384 列（A…XFD）×1048576（1～1048576）行，相当于 17179869184 个单元格。

（2）单元格区域。多个连续的单元格组成的区域称为单元格区域。由单元格区域左上角和右上角单元格地址组成，中间用冒号分开，如 A5：C9 表示从单元格 A5 到单元格 C9 的整个区域。

（3）活动单元格。活动单元格是指当前正在使用的单元格，在屏幕上用带黑色粗线的方框表示。活动单元格的位置会在名称框中显示。此时输入的数据会被保存在该单元格中，每次只能有一个单元格是活动的。

二、工作簿的新建、保存和打开

1. 工作簿的新建

启动 Excel 时，就会顺带开启一份空白的工作簿。也可以单击"文件"按钮，选择"新建"命令来建立新的工作簿，如图 2 - 2 - 1 所示。开启的新工作簿，Excel 会依次以工作簿 1、工作簿 2……来命名，要重新给工作簿命名，可在存储文件时变更。

图 2 – 2 – 1　工作簿的新建

2. 工作簿的保存

要储存工作簿文件，请单击快速存取工具栏中的"保存文件"按钮，如果是第 1 次存盘，会开启"另存为"对话框，由用户指定工作簿保存的位置、文件名及文件类型。

当用户修改了工作簿的内容，而再次单击"保存文件"按钮时，就会将修改后的工作簿直接储存。若想要更换工作簿保存的位置、文件名或文件类型时，可单击"文件"按钮，在弹出的菜单中选择"另存为"命令。

3. 工作簿的打开

要重新打开之前储存的工作簿，可单击"文件"按钮，在弹出的菜单中选择"打开"命令，就会显示"打开"对话框让用户选择要打开的文件。

若想打开最近编辑过的工作簿文件，则可单击"文件"按钮，在弹出的菜单中选择"最近所用文件"命令，其中会列出最近编辑过的文件，若有想要打开的文件，单击文件名就会打开。

三、输入数据和编辑单元格

1. 输入文本

（1）输入普通文本。启动 Excel 2010 程序，选中准备输入文本的单元格，直接向单元格中输入文本内容，按 Enter 键即可完成输入文本的操作。

或者选中准备输入文本的单元格，单击编辑栏，在光标处输入文本内容，单击编辑栏上的"√"按钮确认操作，这样也可输入普通文本。

（2）超长文本的显示。选中准备调整显示样式的单元格，选择"开始"选项卡，在"字体"功能组中单击右下角的按钮。在弹出的"设置单元格格式"对话框中，选择"对齐"选项卡，在文本控制区域选择"自动换行"和"缩小字体填充"复选框，单击"确定"按钮。返回到工作表界面，较长的文字已经显示在一个单元格里了，这样即可显示超长文本。

（3）数字作为文本输入。选中准备输入文本型数值的单元格，选择"开始"选项卡，在"单元格"功能组中单击"格式"按钮，弹出"单元格格式"菜单，在"保护"区域中单击选择"设置单元格格式"菜单项。弹出"设置单元格格式"对话框，选择"数字"选项卡，在"分类"列表框中选择"文本"列表项，单击"确定"按钮。

返回到表格编辑页面，在设置好的单元格中输入数字，单击编辑栏上的"√"按钮。所输入的数字默认为文本型左对齐显示，这样即可把数字作为文本输入。

2. 输入数值

（1）输入整数。单击选中或使用鼠标左键双击准备输入的单元格，然后在该单元格中输入准备输入的数字，如"123"，按 Enter 键或单击其他任意单元格，即可完成输入整数数值的操作，默认输入完成的数字将以右对齐的方式显示。

（2）输入分数。在单元格中输入数值，如输入"0.5"，选择"开始"选项卡，在"数字"功能组中单击"常规"下拉按钮，在弹出的下拉列表中选中"分数"列表项。可以看到单元格中的数值已经被改写为百分比形式"1/2"。这样即可输入分数。

（3）输入百分数。在单元格中输入数值，如输入"1.5"，选择"开始"选项卡，在"数字"功能组中单击"百分比样式"按钮。单元格中的数值已经被改写为百分数形式"150%"，这样即可输入百分数。

3. 输入日期和时间

单击准备输入时间的单元格，在功能区中单击选择"开始"选项卡，在"数字"功能组中单击右下角的按钮。弹出"设置单元格格式"对话框，选择"数字"选项卡，在"分类"列表框中选择"数字"列表项，在"类型"列表框中选择准备使用的时间样式类型，确认操作后，单击"确定"按钮。

返回至工作表编辑页面，在选中的单元格中输入准备使用的时间数字，如输入"15"后按 Enter 键完成输入。表格中的数字已经自动显示为刚刚设定好的时间格式，这样即可输入日期和时间。

四、自动填充

1. 使用填充柄填充

（1）在单元格中输入准备自动填充的内容，选中该单元格，将鼠标指针移向右下角直至鼠标指针自动变为实心黑十字形状。

（2）拖动鼠标指针至准备填充的单元格行或列，可以看到准备填充的内容浮动显示在准备填充区域的右下角。

（3）释放鼠标，可以看到准备填充的内容已经被填充至所需的行或列中，这样即可使用填充柄填充。

2. 自定义序列填充

（1）在功能区中选择"文件"选项卡，在弹出的界面左侧单击"选项"命令按钮。

（2）弹出"Excel 选项"对话框，选择"高级"选项卡，拖动垂直滑块至对话框底部，在"常规"区域中单击"编辑自定义列表"按钮。

（3）弹出"自定义序列"对话框，在"自定义序列"列表框中，选择"新序列"列表项，在"输入序列"文本框中输入准备设置的序列（每个条目用回车键隔开），如输入"第一小组，第二小组，第三小组，第四小组，第五小组"，单击"添加"按钮。

（4）可以看到刚刚输入的新序列被添加到"自定义序列"中，单击"确定"按钮。

（5）自动返回到"Excel 选项"对话框，单击"确定"按钮。

（6）返回到工作表编辑界面，在准备填充的单元格中输入自定义设置好的填充内容，如"第一小组"。

（7）选中准备填充内容的单元格区域。并且将鼠标指针移动至填充柄上，拖动鼠标至准备填充的单元格位置。

（8）释放鼠标，准备填充的内容已被填充至所需的行或列中，这样即可自定义序列填充，如图 2 - 2 - 2 所示。

五、选中单元格

1. 选中矩形区域的单元格

单击该区域中的第 1 个单元格，然后按下鼠标左键，拖至最后 1 个单元格再松开。或者单击该区域中的第 1 个单元格，然后在按住 Shift 键的同时单击该区域中的最后 1 个单元格。

2. 选中整行、整列或整个工作表

将鼠标移动到工作表左边的行号标题时，鼠标指针将显示为指向右方的箭

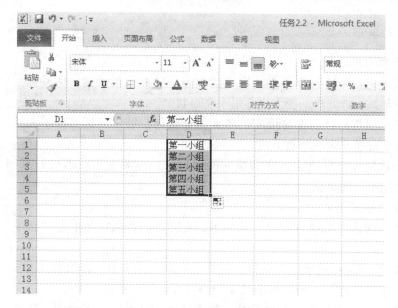

图 2 - 2 - 2　自定义序列填充

头，这时单击鼠标左键，即可选取该行的所有单元格。

将鼠标移动到工作表上方的列标题时，鼠标指针将显示为指向下方的箭头，这时单击鼠标左键，即可选取该列的所有单元格。

单击行号和列号交汇处的全选按钮可选中整个工作表。

3. 选中不连续的单元格

按住 Ctrl 键，用鼠标左键单击所需选择的单元格，即可选中不连续的单元格。

六、移动复制单元格

1. 通过剪贴板移动复制

利用剪贴板可以同时移动或复制多个单元格，并可方便地在不同工作簿或工作表间移动复制。通过剪贴板移动复制的操作步骤如下：

（1）选择要移动或复制的单元格或区域，在"开始"选项卡的"剪贴板"功能组中，执行下列操作之一。

若要移动单元格，请单击"剪切"按钮，也可以按 Ctrl + X 键。

若要复制单元格，请单击"复制"按钮，也可以按 Ctrl + C 键。

（2）选择粘贴区域的左上角单元格。在"开始"选项卡的"剪贴板"功能组中，单击"粘贴"按钮，也可以按 Ctrl + V 键。

2. 鼠标拖动

移动复制单元格的另一个比较简单且直观的方法是使用鼠标拖动，其操作步骤如下：

（1）选中要复制或移动的单元格区域。

（2）移动：单击选中部分的 4 个黑色边框中的任何一条，按住鼠标左键，将其拖动到目标位置。

（3）复制：按住 Ctrl 键，单击选中部分的 4 个黑色边框中的任何一条，按住鼠标左键，将其拖动到目标位置。

七、插入单元格或行列

1. 插入单元格

选中 1 个单元格，在右击菜单中选中"插入"命令，打开单元格"插入"对话框，如图 2 - 2 - 3 所示。

图 2 - 2 - 3　"插入"对话框

在该对话框中可以选择以下几种插入方式：

（1）活动单元格右移：表示在选中单元格的左侧插入 1 个单元格。

（2）活动单元格下移：表示在选中单元格的上方插入 1 个单元格。

（3）整行：表示在选中单元格的上方插入 1 行。

（4）整列：表示在选中单元格的左侧插入 1 行。

2. 插入行列

在工作表中选择 1 行或多行后，在"开始"选项卡的"单元格"功能组中，单击"插入"旁边的下三角按钮，然后单击"插入工作表行"命令，即可在选中行的上方插入空行，插入的空行数与选中的行数相同。

在工作表中选择 1 列或多列后，在"开始"选项卡的"单元格"功能组中，单击"插入"旁边的下三角按钮，然后单击"插入工作表列"命令，即可在选中列的左侧插入空列，插入的空列数与选中的列数相同。

插入空行后，原有选中行及其下方的行自动向下移；插入空列后，原有选中列及其右侧的列自动向右移。

八、清除与删除单元格

在 Excel 中，清除和删除是两个不同的概念。清除单元格是指清除单元格中的内容、格式、批注等内容；删除单元格则不但删除单元格中的数据、格式等内容，还将删除单元格本身。

1. 清除单元格

选中需清除的单元格，选择"开始"选项卡，在"编辑"功能组内单击"清除"按钮，单击其右边的下三角按钮，弹出的列表中还有"清除格式"、"清除批注"、"清除内容"、"清除超链接"等选项，具体选择哪个根据需要而定。

2. 删除单元格

（1）删除选中的单元格。

选中要删除的单元格，在"开始"选项卡的"单元格"功能组中，单击"删除"旁边的下三角按钮，然后在弹出的下拉列表中选择"删除单元格"命令，弹出"删除"单元格对话框，如图 2 - 2 - 4 所示。

图 2 - 2 - 4　删除单元格

图 2 - 2 - 5　清除单元格

（2）删除行/列。

在工作表中选择要删除的行后，在"开始"选项卡的"单元格"功能组中单击"删除"旁边的下三角按钮，在弹出的下拉列表中选择"删除工作表行"、"删除工作表列"命令，即可将选中的行或列删除。

删除行后，被删除行下方的行自动向上移以填补被删除行留下的空白位置；删除列后，被删除列右侧的列自动向左移以填补被删除列留下的空白位置。

 任务小结

本任务详细介绍了工作区各组成部分。重点和难点：如何建立 1 个新的工作簿和工作表，以及它们的区分；单元格与单元格区域的区分，以及如何选中；掌握行、列和单元格插入及删除的方法。

上机实训　建立自己的工作表

实训要求：假如你是一位客户经理，请建立自己的工作表，内容包括客户姓名、性别、年龄、联系方式等。

任务三　工作表的格式化

 任务说明

创建了工作表，并不等于完成了工作，还必须要对工作表中的数据进行一定的格式化，也就是需要对工作表的元素进行格式化，下面我们就对工作表中的字体、单元格、行和列等进行常用的格式化。

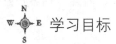 学习目标

➢掌握对字符的常用格式化，如字号、颜色、字体和字形等。
➢掌握行高、列宽的调整方法。
➢掌握合并以及拆分单元格的方法。

 知识要点

➢多行/列的高度/宽度的调整。
➢单元格的合并。

 任务实施

一、单元格格式设置

1. 设置字体、字号、字形和颜色

默认情况下，在单元格中输入数据时，字体为"宋体"、字号为"11"、颜色为"黑色"。为了使工作表中的某些数据醒目和突出，也为了使整个版面更为

— 96 —

丰富，通常需要对不同的单元格设置不同的字体和字号等，常用设置方法如下：

（1）利用"字体"功能组中的按钮。选中要改变字体和字号的单元格或单元格区域，单击"开始"选项卡"字体"功能组中的"字体"按钮，在"字体"下拉列表中选择一种字体；单击"字号"按钮，在"字号"下拉列表中选择一种字号，所选单元格区域的字体和字号即改变。

另外，利用"字体"组中的其他按钮还可以方便地增大字号、减小字号、设置字形和颜色等，如图 2-3-1 所示。

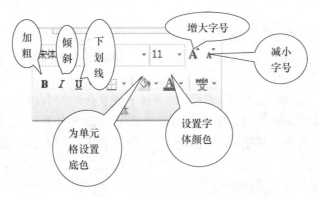

图 2-3-1　"字体"功能组

（2）利用"设置单元格格式"对话框。选中要改变字体和字号的单元格或单元格区域。单击"开始"选项卡"字体"功能组右下角的"对话框启动器"按钮，打开"设置单元格格式"对话框，在其中设置字体、字形、字号和字体颜色，确定即可，如图 2-3-2 所示。

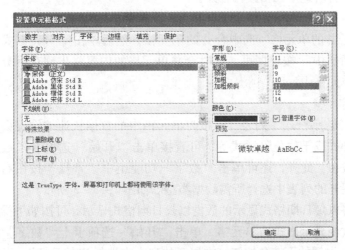

图 2-3-2　"设置单元格格式"对话框

2. 设置对齐方式

所谓对齐，是指单元格内容在显示时，相对单元格上下左右的位置。单元格内容的对齐方式通常有：顶端对齐、垂直居中、底端对齐，文本左对齐、水平居中和文本右对齐。这几种对齐方式在"开始"选项卡的"对齐方式"功能组中均有按钮表示。

通常情况下，输入到单元格中的文本为左对齐，数字为右对齐，逻辑值和错误值为居中对齐。通过设置单元格的对齐方式，能使整个表格看起来更整齐，设置方法如下：

（1）利用"对齐方式"功能组中的按钮。选中要设置对齐方式的单元格或单元格区域，在"开始"选项卡的"对齐方式"功能组中选择对齐方式，所选单元格区域的内容居中对齐。

（2）利用"设置单元格格式"对话框。对于较复杂的对齐操作，选定要设置对齐的单元格或单元格区域，单击"对齐方式"功能组右下角的对话框启动器按钮，打开"设置单元格格式"对话框，分别设置水平对齐、缩进量和垂直对齐，确定即可。

3. 单元格内容的合并及拆分

（1）合并单元格。选中要合并的相邻单元格，单击"开始"选项卡"对齐方式"功能组中的"合并后居中"按钮或单击其右侧的下三角按钮，在展开的列表中选择某个选项，所选单元格在 1 个行中合并，并且单元格内容在合并单元格中居中显示。

合并后居中：将选择的多个单元格合并，并将合并后的单元格内容居中。

跨越合并：将所选单元格按行合并。

合并单元格：将所选单元格全部合并为 1 个单元格。

（2）拆分合并的单元格。选中合并的单元格，然后单击"对齐方式"功能组中的"合并后居中"按钮即可，此时合并单元格的内容将出现在拆分单元格区域左上角的单元格中。

4. 设置数字格式

（1）利用"数字格式"列表。若想为单元格中的数据快速地设置会计数字格式、百分比样式或千位分隔样式等，可直接单击"开始"选项卡"数字"功能组中的相应按钮。此外，还可单击"数字"功能组中"常规"按钮右侧的下三角按钮，在展开的列表中选择所需数据类型。如图 2 - 3 - 3 所示。

例如，要将以短日期格式显示的数据以长日期格式显示，可按如下操作步骤进行：选中要改变显示格式的单元格，单击"开始"选项卡上"数字"功能组中"常规"按钮右侧的下三角按钮，在展开的列表中选择"长日期"，所选单元格中的数据即以长日期格式显示，如图 2 - 3 - 4 所示。

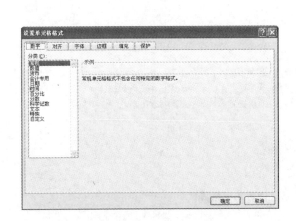

图 2 - 3 - 3　数字格式列表　　　　图 2 - 3 - 4　长日期格式

（2）利用"设置单元格格式"对话框。除了上述方法可设置数字格式外，还可以单击"数字"功能组右下角的"对话框启动器"按钮，打开"设置单元格格式"对话框，选择"数字"选项卡，在"分类"列表中选择数字类型，然后根据需要在对话框右侧设置其他选项。

5. 复制单元格格式

（1）利用"格式刷"按钮。选中设置好格式的单元格，单击"剪贴板"功能组中的"格式刷"按钮，移动鼠标指针到工作表，此时鼠标指针变为"刷子"形状，将鼠标指针移到某个单元格上然后单击，可将该格式复制到一个单元格中；若按下鼠标左键拖过某一单元格区域后释放鼠标，则可将该格式应用于拖过的单元格区域。

（2）利用"选择性粘贴"命令。选定设置好格式的单元格，单击"剪贴板"功能组中的"复制"按钮，选中要应用该格式的单元格或单元格区域，单击"剪贴板"组中"粘贴"按钮下方的三角按钮，在展开的列表中选择"选择性粘贴"项，在打开的对话框中单击"格式"按钮，然后确定即可。

6. 套用单元格样式

Excel 2010 为用户预定义了一些内置单元格样式，共有 5 种类型：好、差和适中，数据和模型，标题，主题单元格样式和数字格式。单击"开始"选项卡

"样式"功能组中的"单元格样式"按钮，在展开的单元格样式列表中即可看到这5种类型，如图2-3-5所示。

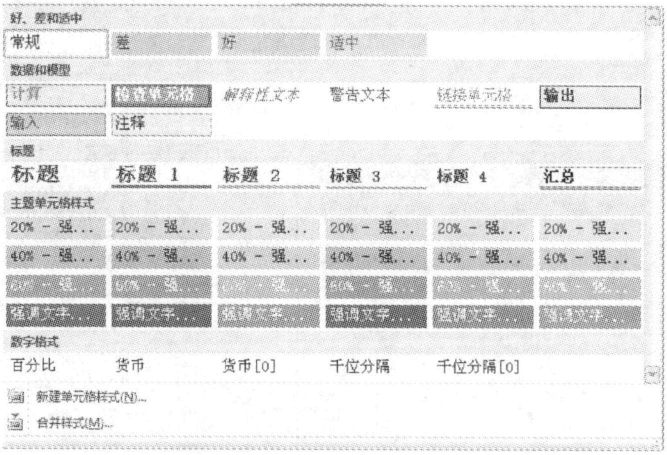

图2-3-5　内置单元格样式

（1）套用内置单元格样式。要应用内置的单元格样式，首先选定要应用样式的单元格或单元格区域，然后在"单元格样式"列表中单击所需样式。

（2）自定义单元格样式。下面以创建一个字体为"方正稚艺简体"、字号为20、字形为"加粗倾斜"、字体颜色为"绿色"的单元格样式——"YY的样式"为例，具体操作步骤如下：

1）单击"开始"选项卡"样式"功能组中的"单元格样式"按钮，在展开的列表中选择"新建单元格样式"项，打开"样式"对话框，输入样式名后单击"格式"按钮，打开"设置单元格格式"对话框，切换至"字体"选项卡，在其中设置字体、字形、字号和字体颜色，如图2-3-6所示。

2）在"对齐"选项卡的"水平对齐"下拉列表中选择"居中"，然后单击"确定"按钮返回"样式"对话框，单击"确定"按钮，完成自定义单元格样式的操作。此时，单元格样式列表中会出现"YY的样式"选项。

二、设置表格格式

1. 为表格添加边框

（1）利用"边框"列表。对于简单的边框设置，在选定要设置边框的单元格或单元格区域后，直接单击"开始"选项卡"字体"功能组中的"边框"按钮右侧的下三角按钮，如图2-3-7所示，在展开的列表中单击所需的边框线即可。

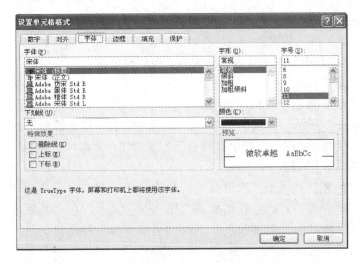

图 2 - 3 - 6　设置字体、字形、字号和字体颜色

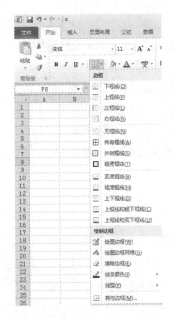

图 2 - 3 - 7　"边框"列表

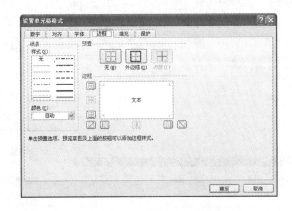

图 2 - 3 - 8　"边框"选项卡

（2）利用"边框"选项卡。选定要设置的单元格或单元格区域后，在"边框"列表中选择"其他边框"项，打开"设置单元格格式"对话框，并显示"边框"选项卡，然后根据对话框中提示的内容进行必要的选择，最后单击"确定"按钮即可。

若要为表格同时添加内、外边框，并设置边框样式、颜色等，可选择要添加边框的单元格区域，打开如图2-3-8所示的"设置单元格格式"对话框，选择"边框"选项卡，在其中分别设置内、外边框，最后确定即可。

2. 为表格添加底纹

（1）利用"填充颜色"按钮。对于简单的底纹填充，可在选中单元格或单元格区域后，单击"开始"选项卡"字体"功能组中的"填充颜色"按钮右侧的下三角按钮，在展开的颜色列表中选择自己喜欢的颜色，即可快速为所选单元格或单元格区域添加上底纹。

（2）利用"填充"选项卡。选中要进行填充的单元格或单元格区域，然后打开"设置单元格格式"对话框并切换到"填充"选项卡，在"背景色"列表中选择一种背景颜色；在"图案颜色"下拉列表中选择一种图案颜色；在"图案样式"下拉列表中选择一种图案样式，确定即可，如图2-3-9所示。

若单击"填充效果"按钮，在打开的对话框中进行设置，还可为表格添加渐变填充效果。

3. 套用表格格式

Excel 2010提供了许多预定义的表格样式，使用这些样式，可以迅速建立适合于不同专业需求、外观精美的工作表。

（1）创建表格时选择表格格式。选中要套用表格格式的单元格区域。单击"开始"选项卡的"样式"功能组中的"套用表格格式"按钮，如图2-3-10所示，在展开列表中单击要使用的表样式，在打开的"套用表格格式"对话框中单击"确定"按钮，所选单元格区域自动套用所选表格格式，然后即可在单元格中输入数据。

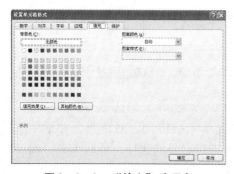

图2-3-9　"填充"选项卡

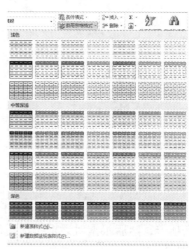

图2-3-10　"套用表格格式"选项卡

套用表样式后，表格工具"设计"选项卡会自动出现，如图2-3-11所示。

图2-3-11 "设计"选项卡

各复选框的含义如下：

1）选中或清除"标题行"复选框，可打开或关闭标题行。标题行将为表的首行设置特殊格式。

2）选中或清除"汇总行"复选框，可打开或关闭汇总行。汇总行位于表末尾，用于显示每一列的汇总。

3）选中"第一列"复选框，可显示表的第一列的特殊格式。

4）选中"最后一列"复选框，可显示表的最后一列的特殊格式。

5）选中"镶边行"复选框，可以不同方式显示奇数行和偶数行以便于阅读。

（2）为现有表格应用表格格式。选中要应用表格格式的单元格区域，单击"开始"选项卡的"样式"功能组中的"套用表格格式"按钮，在展开列表中单击要使用的表样式，在打开的对话框中进行设置，单击"确定"按钮，所选单元格区域即快速套用所选表样式。

三、使用条件格式

在Excel 2010中应用条件格式，可以让符合特定条件的单元格数据以醒目方式突出显示，便于对工作表数据进行更好的分析。

Excel 2010中的条件格式引入了一些新颖的功能，如色阶、图标集和数据条，使得用户能以一种易于理解的可视化方式分析数据。例如，根据数值区域中单元格的位置，可以分配不同的颜色、特定的图标或不同长度阴影的数据条，来展现一组数据的大小和走势，还可以设置各种条件、规则来突出显示和选取某些数据项目。

1. 添加条件格式

若想为单元格或单元格区域添加条件格式，首先选定要添加条件格式的单元格或单元格区域，然后单击"开始"选项卡"样式"功能组中的"条件格式"按钮，在展开的列表中列出了5种条件规则，选择某个选项，然后在其子列表中选择某个菜单，再在打开的对话框中进行相应设置，即可快速对所选区域格式化。

（1）突出显示特定单元格。该规则可以对包含文本、数字或日期/时间值的单元格设置格式，或者为重复（唯一）数值设置格式。

选中要应用规则的单元格区域，然后单击"开始"选项卡"样式"功能组中的"条件格式"按钮，在展开的列表中选择"突出显示单元格规则"项，然后选择某个子规则，在打开的对话框中进行设置，最后单击"确定"按钮即可。如图2-3-12所示，把学生成绩统计表中平均分低于70分的用条件格式显示。

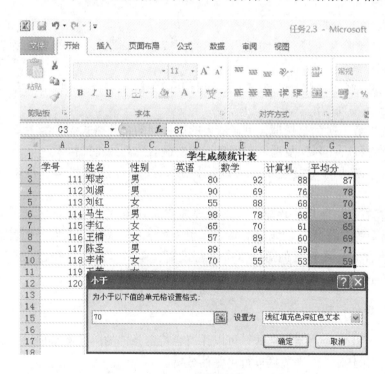

图2-3-12 突出显示特定单元格

（2）项目选取规则。该规则可以帮助用户识别所选单元格区域中最大或最小的百分数或数字所指定的单元格，或者指定大于或小于平均值的单元格。

　　选定要设置规则的单元格区域，在"条件格式"列表中选择"项目选取规则"，然后选择某个子规则，在打开的对话框中进行设置，确定即可。

　　例：把学生成绩统计表中总分前3%的记录用红字浅绿底纹标识。操作步骤如下。

　　选定"平均分"列，在"条件格式"列表中选择"项目选取规则"，在子规则中选择"值最大的10%项"，在出现的对话框中选择"自定义格式"命令，在弹出的"设置单元格格式"对话框中设置字体颜色和底纹，如图2-3-13所示。

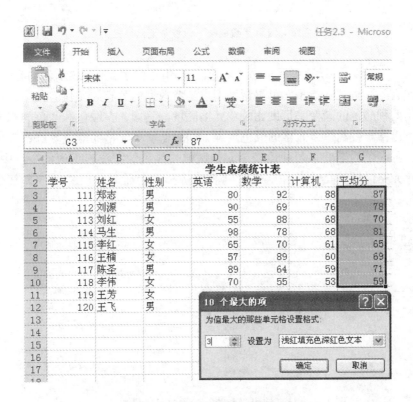

图2-3-13　设置项目选取规则

　　（3）使用"数据条"设置单元格格式。使用数据条可帮助用户查看某个单元格相对于其他单元格的值。数据条的长度代表单元格中值的大小。数据条越长，表示值越高，数据条越短，表示值越低。在观察大量数据中的较高值和较低值时，数据条尤其有用。

　　选定要显示值大小的单元格区域，在"条件格式"列表中选择"数据条"，然后选择某个子数据条即可，如图2-3-14所示。

图 2 – 3 – 14　使用"数据条"设置单元格格式

（4）使用"色阶"设置单元格格式。色阶是用颜色的深浅来表示值的高低。颜色刻度作为一种直观的指示，可以帮助用户了解数据的分布和变化。其中：双色刻度使用两种颜色的渐变来帮助比较单元格区域。例如，在绿色和红色的双色刻度中，可以指定较高值单元格的颜色更绿，而较低值单元格的颜色更红；三色刻度使用三种颜色的渐变来帮助比较单元格区域，颜色的深浅表示值的高、中、低。选择单元格区域，在"条件格式"列表中选择"色阶"项，然后选择某个子色阶即可，如图 2 – 3 – 15 所示。

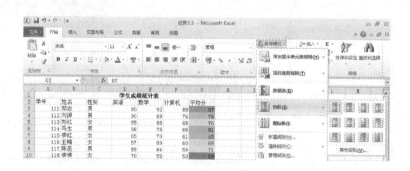

图 2 – 3 – 15　使用"色阶"设置单元格格式

（5）使用"图标集"设置单元格格式。使用图标集可以对数据进行注释，并可以按阈值将数据分为 3 ~ 5 个类别，每个图标代表一个值的范围。选择单元格区域，在"条件格式"列表中选择"图标集"项，然后选择某个子图标集即可，如图 2 – 3 – 16 所示。

2. 修改条件格式

对于已应用了条件格式的单元格，也可以对条件格式进行编辑、修改，让其以另一种格式显示。

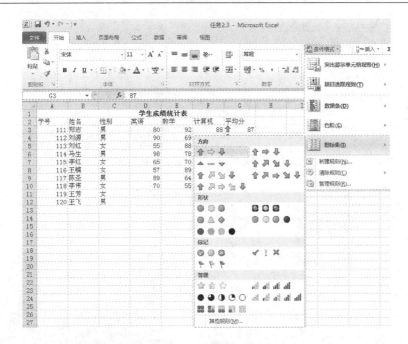

图 2 - 3 - 16　使用"图标集"设置单元格格式

选定已应用条件格式的单元格，在"条件格式"列表中选择"管理规则"项，在打开的对话框中单击"编辑规则"按钮，打开"编辑格式规则"对话框进行设置，然后确定即可。

3. 清除条件格式

当不需要应用格式显示时，可以将已应用的条件格式删除，方法是：打开应用了条件格式的工作表，在"条件格式"列表中单击"清除规则"项，如图 2 - 3 - 17 所示，选择"清除所选单元格的规则"项，可清除选定单元格或单元格区域内的条件格式；选择"清除整个工作表的规则"项，则可以清除整个工作表的条件格式。

4. 条件格式管理规则

为单元格区域创建多个条件格式规则时，需要了解如下 3 个问题：如何评估这些条件格式规则；两个或更多条件格式规则冲突时将发生什么情况；如何更改评估的优先级以获得所需的结果。

在"条件格式"列表中单击"管理规则"项，打开"条件格式规则管理器"对话框，在"显示其格式规则"下拉列表中选择"当前选择"，对话框的下方会显示当前工作表中已设置的所有条件格式。

图 2 - 3 - 17　清除条件格式

当两个或更多个条件格式规则应用于一个单元格区域时，将按它在"条件格式规则管理器"对话框中列出的优先级顺序评估这些规则。

列表中较高处的规则的优先级高于列表中较低处的规则。默认情况下，新规则总是添加到列表的顶部，因此具有较高的优先级。也可以使用对话框中的"上移"和"下移"按钮来更改优先级顺序，如图 2 - 3 - 18 所示。

图 2 - 3 - 18　更改规则优先级顺序

对于一个单元格区域，多个条件格式规则评估为真时，如果两种格式间没有冲突，则两个规则都会得到应用。如果两个规则冲突，只应用优先级较高的规则。

 任务小结

在任务中我们必须要掌握的是如何对工作表的数据进行字符的格式化；掌握如何调整行高和列宽的方法；合并和拆分单元格；重点和难点是"单元格格式"对话框各标签的使用。

上机实训　职工考勤表

实训要求：用 Excel 2010 制作出职工考勤表，内容包括姓名、部门、请假时间、请假原因等内容。

任务四　公式与函数

 任务说明

　　分析和处理 Excel 2010 工作表中的数据，离不开公式和函数。公式是函数的基础，它是单元格中的一系列值、单元格引用名称和运算符的组合，可以生成新的值；函数是 Excel 预定义的内置公式，可以进行数学、文本、逻辑的运算或者查找工作表的信息，与直接使用公式相比，使用函数进行的计算的速度更快，同时减少了错误的发生。在本任务中，我们将初步认识公式与函数的运用，在以后的任务中，将会对公式与函数的使用进行更深入的学习。

 学习目标

➢ 掌握算术运算符与比较运算符的使用，了解引用运算符。
➢ 掌握插入和使用公式的方法。
➢ 掌握插入和使用函数的方法。
➢ 了解常用函数用法，如 SUM、AVERAGE、MAX、MIN 和 COUNT 等函数的用法。

 知识要点

➢ 如何自动插入函数。
➢ 自动求和函数的运用。

 任务实施

　　函数是预先编写的公式，可以对一个或多个值执行运算，并返还一个或多个

值。多用于替代有固定算法的公式。用函数计算数据能简化公式。

一、公式

公式是对工作表中的数值执行运算的方程式，是 Excel 中最重要的内容之一，正是由于公式的应用，才使得 Excel 具有如此强大的数据处理功能。

1. 公式的构成

一个完整的公式〔如 "＝SUM（A2：A5）＋5"〕由以下几部分组成。

（1）等号 "＝"：相当于公式的标记，表示之后的字符为公式。

（2）运算符：表示运算关系的符号，如例中的加号 "＋"、引用符号。

（3）函数：一些预定义的计算关系，可将参数按特定的顺序或结构进行计算，如例中的求和函数 "SUM"。

（4）单元格引用：参与计算的单元格或单元格范围，如例中的单元格范围 "A2：A5"。

（5）常量：参与计算的常数，如例中的数值 "5"。

2. 公式的输入

通常情况下，可以按以下操作步骤输入公式。

（1）选中需输入公式的单元格。

（2）输入公式的标记——等号 "＝"。

（3）继续输入公式的具体内容，完毕后按 Enter 键确认。

输入公式时可以采用手工输入方式，也可以采用键盘鼠标结合的方式，输入的过程中可以在单元格中输入也可在编辑栏中输入。还可以选择 "插入" 选项卡，在 "符号" 功能组中单击 "公式" 按钮，可以打开公式工具面板使用数学符号库构造自己需要的公式；或者单击 "公式" 按钮右侧的下三角按钮，在列表中选择插入常见的数学公式。

3. 编辑公式

公式像文本一样可以进行编辑，如修改、复制、粘贴等。

二、单元格引用

在向工作表中的某个单元格中输入公式时，经常要引用其他单元格或单元格区域的数据，引用的作用在于标识工作表中的单元格或单元格区域，即指明公式中所使用数据的来源位置。通过引用，可以在公式中使用工作表中不同部分的数据，或者在多个公式中使用同一单元格的数据，还可以引用同一工作簿不同工作表的单元格、不同工作簿的单元格，甚至引用其他程序的数据。

1. 相对引用

公式中相对单元格引用是基于包含公式和单元格引用的单元格的相对位置，

其引用形式为列标行号。如果公式所在单元格位置发生改变，引用也随之改变。如果多行或多列地复制或填充公式，引用会自动调整。其变化规律为：横向复制公式时，列标发生变化，而行号不变；纵向复制公式时，行号发生变化，而列标不变。默认情况下，公式使用相对引用。

2. 绝对引用

和相对引用相反，绝对引用是指固定的引用位置。也就是说，如果在公式中使用了绝对引用，无论如何改变位置，其引用的单元格地址总是不变的。绝对引用的引用形式是在相对引用的列标和行号前加一个符号 $ ，如 $ B $ 7。

3. 混合引用

混合引用是相对地址与绝对地址的混合使用，例如：B $ 7 表示 B 是相对引用，$ 7 是绝对引用。

4. 跨表引用

在引用同一工作簿的不同工作表中的单元格时，可以用"工作表名称! 单元格地址"的形式。例如，用"Sheet2 ! A3: C6"表示对工作表 Sheet2 中的单元格区域 A3: C6 的引用。

5. 自动填充公式

自动填充公式是对自动填充功能和相对引用的综合应用，将二者结合起来可以收到事半功倍的效果。

三、函数

函数是预先编写的公式，可以对 1 个或多个值执行运算，并返还 1 个或多个值。多用于替代有固定算法的公式。用函数计算数据能简化公式。

1. 函数的结构

Excel 函数通常是由函数名称、左括号、参数、半角逗号和右括号构成。如 SUM（A1: A10，B1: B10）。另外有一些函数比较特殊，它仅由函数名和成对的括号构成，因为这类函数没有参数，如 NOW 函数、RAND 函数。

2. 函数的输入

在 Excel 2010 中选择"公式"选项卡，可以看到其中有很多函数的类型，如图 2 - 4 - 1 所示。进行函数输入的时候，可以从中进行查找。

3. 函数的使用

下面通过具体的实例来看一下函数的使用，求学生成绩表中所有女生的数学平均分。

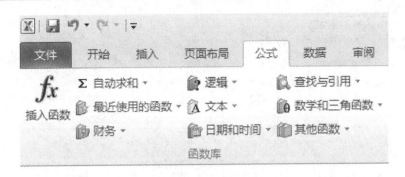

图 2 - 4 - 1　函数库

此时可以使用 AVERAGEIF 函数进行计算。选择"公式"选项卡，单击"函数库"功能组中的"插入函数"按钮，打开"函数参数"对话框，按如图 2 - 4 - 2所示选择相关参数。

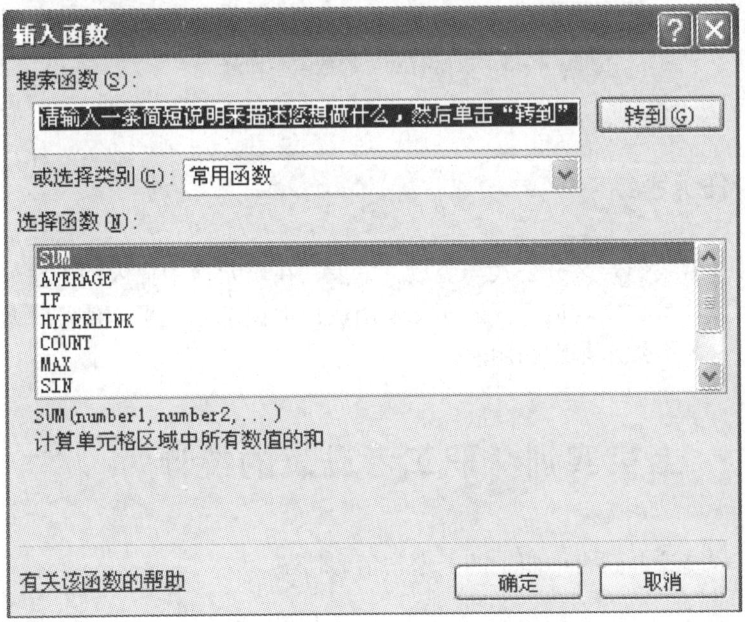

图 2 - 4 - 2　"插入函数"对话框

在函数公式中，C3：C10 是包含条件的单元格区域，"女"是定义的条件，E3：E10 是用于求平均值的实际单元格区域，如图 2 - 4 - 3 所示。

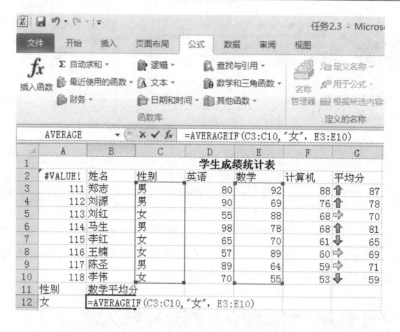

图 2-4-3 求所有女生的数学平均分

 任务小结

学习本任务后我们要区分公式与函数，掌握其在单元格中插入的方法。重点和难点是：掌握算术与比较运算符的含义及用法；掌握求和、平均值、计数、最大值和最小值这 5 个常用函数的用法。

上机实训 职工考勤表的统计

实训要求：统计考勤表中职工的上班与请假情况。

任务五　数据的管理

任务说明

在 Excel 2010 中为用户提供了强大的数据筛选、排序和汇总等功能，利用这些功能可以方便地从中获得有用的数据，并重新整理数据，让用户按自己的意愿从不同的角度去观察和分析数据，管理好自己的工作簿。

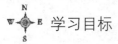 学习目标

➢ 了解什么是数据清单。
➢ 熟练掌握数据的筛选。
➢ 熟练掌握数据的排序。
➢ 掌握数据的分类汇总。

 知识要点

➢ 自定义筛选条件的设置。
➢ 多重排序的设置。
➢ 分类汇总中分类与汇总概念的理解。

 任务实施

一、数据清单

数据清单是工作表中包含相关数据的一系列数据行，它可以像数据库一样接

受浏览与编辑等操作。排序与筛选数据记录的操作需要通过数据清单来进行，因此在操作前应先创建好数据清单。

二、数据排序

1. 简单排序

单击需排序列中的任一单元格，选择"开始"选项卡，在"编辑"功能组中单击"排序与筛选"按钮，在弹出的下拉列表中选择"升序"或"降序"命令，如图2-5-1（a）所示。或者选择"数据"选项卡，在"排序和筛选"功能组中选择单击"升序"或"降序"按钮，如图2-5-1（b）所示。

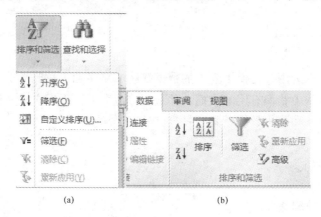

(a)   (b)

图 2-5-1 简单排序

2. 复杂排序

如果对排序的要求较高，可以进行复杂排序，操作步骤如下。

在图2-5-1（a）中选择"自定义排序…"命令，或者在图2-5-1（b）中单击"排序"按钮，弹出如图2-5-2所示的对话框，在其中选择排序的关键字及次序。

图 2-5-2 自定义排序

三、数据筛选

数据筛选是将不符合用户特定条件的行隐藏起来，这样可以更方便地让用户对数据进行查看。Excel 提供了两种筛选数据列表的命令。

1. 自动筛选

自动筛选只能根据一个字段筛选，适用于简单的筛选条件。

单击需筛选数据区域中的任一单元格，选择"开始"选项卡，在"编辑"功能组中单击"排序与筛选"按钮，在弹出的下拉列表中选择"筛选"命令；或者选择"数据"选项卡，在"排序和筛选"功能组中单击"筛选"按钮。设置筛选后如图 2 – 5 – 3 所示。

	A	B	C	D	E	F	G
1				学生成绩统计表			
2	#VALUE	姓名	性别	英语	数学	计算机	平均分
3	111	郑志	男	80	92	88	87
4	112	刘源	男	90	69	76	78
5	113	刘红	女	55	88	68	70
6	114	马生	男	98	78	68	81
7	115	李红	女	65	70	61	65
8	116	王楠	女	57	89	60	69
9	117	陈圣	男	89	64	59	71
10	118	李伟	女	70	55	53	59

图 2 – 5 – 3　自动筛选

单击每一字段后的下拉按钮，在弹出的下拉菜单中单击"数字筛选"或"文本筛选"命令可设置自动筛选的自定义条件。在设置自定义条件时，可以使用通配符，其中问号"？"代表任意单个字符，星号"＊"代表任意多个字符。

2. 高级筛选

高级筛选适用于复杂的筛选条件，采用复合条件来筛选记录，并允许把满足条件的记录复制到另外的区域，以生成一个新的数据清单。高级筛选操作步骤如下：

（1）先建立条件区域，条件区域的第一行为条件标记行，第二行开始是条件行。

（2）然后选择"数据"选项卡，在"排序和筛选"功能组中单击"高级"按钮，弹出"高级筛选"对话框。

（3）在"高级筛选"对话框中，选择步骤（1）建立的条件区域，并选择筛选的显示方式。

条件区域的几种情况：

（1）同一条件行的条件互为"与"（AND）的关系，表示筛选出同时满足这些条件的记录。

例：查找学生成绩统计表中"计算机"成绩为"68"且"数学"成绩为" >80"的学生记录，如图 2 – 5 – 4 所示。

	A	B	C	D	E	F	G
1	学生成绩统计表						
2	#VALUE!	姓名	性别	英语	数学	计算机	平均分
3	111	郑志	男	80	92	88 ⬆	87
4	112	刘源	男	90	69	76 ⬆	78
5	113	刘红	女	55	88	68 ➡	70
6	114	马生	男	98	78	68 ⬆	81
7	115	李红	女	65	70	61 ⬇	65
8	116	王楠	女	57	89	60 ➡	69
9	117	陈圣	男	89	64	59 ➡	71
10	118	李伟	女	70	55	53 ⬇	59
11							
12	计算机	数学					
13	68	>80					
14							
15	113	刘红	女	55	88	68 ⬆	70

图 2 – 5 – 4　筛选同时满足条件的记录

（2）不同条件行的条件互为"或"（OR）的关系，表示筛选出满足任何一个条件的记录。

（3）对相同的列（字段）指定一个以上的条件，或条件为一个数据范围，则应重复列标题。

四、分类汇总

分类汇总是 Excel 中最常用的功能之一，它能够快速地以某一个字段为分类项，对数据列表中的数值字段进行各种统计计算，如求和、计数、平均值、最大值、最小值、乘积等。

1. 创建分类汇总

汇总前必须先按要汇总的字段排序，再选择"数据"选项卡，在"分级显示"功能组中单击"分类汇总"按钮，在弹出的"分类汇总"对话框中选择相应的信息再确定即可完成分类汇总。

例：给学生成绩统计表增加"性别"字段，要求显示男生和女生平均分和总分的平均值。

首先单击"性别"列的任一单元格，再选择"数据"选项卡，在"排序和筛选"功能组中单击"升序"按钮，把数据表按照"性别"进行排序，然后在

"分级显示"功能组中单击"分类汇总"按钮，出现"分类汇总"对话框，在"分类字段"下拉列表框中选择分类字段为"性别"，选择汇总方式为"求和"，汇总项选择"平均分"，单击"确定"按钮，如图2-5-5所示。

学生成绩统计表分类汇总后的结果如图2-5-6所示。

图2-5-5　"分类汇总"对话框

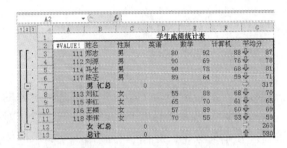

图2-5-6　分类汇总后的结果

2. 调整显示级别

在分类汇总中数据是分级显示的，在工作表的左上角出现了这样的一个区域 ，单击其中的"1"，在表中就只有总计项出现；单击"2"，出现的就只有汇总的部分；单击"3"，可以显示所有的内容。

3. 删除分类汇总

选择"数据"选项卡，在"分级显示"功能组中单击"分类汇总"按钮，出现"分类汇总"对话框，单击左下方的"全部删除"按钮即可删除分类汇总。

 任务小结

本任务中学习的内容较为复杂，我们必须要掌握自动筛选、简单和多重排序、分类汇总的使用。重点和难点是：自定义筛选中条件的使用；分类汇总中要了解分类字段和选定汇总项的作用。

上机实训　职工考勤表的管理

实训要求：对职工考勤表进行数据排序、数据筛选、分类汇总。

任务六　产品生产记录表

 任务说明

　　在任何一个企业中，产品的生产都是很主要的一个环节，而使用一个设计合理、高效的财务报表来对生产的产品进行记录，对于以后产品的存储、销售都非常重要。在本任务中，我们学会制作一个简单的产品生产记录表，此表用于记录产品的编号、名称、生产日期、价格等，完成后的效果如图2-6-1所示。

	A	B	C	D	E	F	G
1	北京华信公司产品生产记录表						
2	编号	名称	生产日期	数量	单位	单价	总价
3	C001	验钞机	2014年7月1日	998	台	¥ 1,200.00	¥ 1,197,600.00
4	C002	点钞机	2014年1月9日	1,800	台	¥ 900.00	¥ 1,620,000.00
5	C003	保险柜	2013年1月2日	1,000	个	¥ 2,000.00	¥ 2,000,000.00
6	C004	保险箱	2014年1月8日	500	个	¥ 4,000.00	¥ 2,000,000.00
7	C005	运钞柜	2014年9月1日	200	个	¥ 4,500.00	¥ 900,000.00
8	C006	捆钞机	2013年1月2日	10,000	台	¥ 500.00	¥ 5,000,000.00
9	C007	打印机	2014年1月5日	2,000	台	¥ 900.00	¥ 1,800,000.00
10	C008	装订机	2014年1月3日	15,000	台	¥ 300.00	¥ 4,500,000.00

图2-6-1　产品生产记录表样本

 学习目标

> 掌握设置单元格基本的格式化。
> 熟练掌握对单元格的自动填充。
> 熟练掌握使用查找和替换对数据进行查找和替换。

知识要点

➤ 自动填充的用法。
➤ 数字数据类型的设置。
➤ 查找和替换功能的区分。

　任务实施

一、报表的初始格式化

（1）在制作生产记录表之前，首先需要新建一个工作簿，然后把工作簿的其中一个工作表改名为"产品生产记录表"。如图2-6-2所示。

产品生产记录表　Sheet2　Sheet3

图2-6-2　工作表改名

（2）在A1单元格中输入"北京华信公司产品生产记录表"，选定A1：G1单元格区域，在"开始"菜单栏中的"字体"下拉框中选择"宋体"选项 `宋体`，在"字号"下拉框中选择"16"号 `16` 大小的字体，然后单击"对齐方式"工具栏中的"水平对齐"和"字体"中的"加粗"命令按钮，完成报表标题栏的格式化和输入。如图2-6-3所示。

图2-6-3　报表标题栏

（3）在A2：G2单元格分别输入"编号"、"名称"、"生产日期"、"数量"、"单位"、"单价"和"总价"，然后选定A2：G2单元格区域，单击"工具栏"中的"居中"命令按钮 ，结果如图2-6-4所示。

1	北京华信公司产品生产记录表						
2	编号	名称	生产日期	数量	单位	单价	总价

图 2 - 6 - 4　报表表头

（4）选中 C 列的所有单元格，右键单击选定的单元格区域，在弹出的快捷菜单中选择"设置单元格格式"，在弹出的"设置单元格格式"对话框中，选择"数字"标签，在"分类"选项框中选择"日期"，"类型"选项框中选择"2001 年 3 月 14 日"，如图 2 - 6 - 5 所示，点击"确定"完成对 C 列的格式化操作。

这样，在 C 列中可以存储如"2001 年 3 月 14 日"等形式的生产日期。

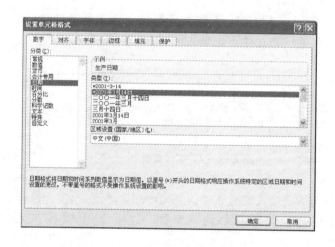

图 2 - 6 - 5　"日期"格式选项卡

（5）选中 D 列所有的单元格，如上述在"设置单元格格式"中选择"数字"标签，在"分类"中选择"数值"选项，"小数位数"输入"0"，"负数"选项框中选择"-1234"选项，在"使用千位分割符"前打上钩，如图 2 - 6 - 6 所示，点击"确定"，完成对 D 列的格式化设置。

在此步中的"分类"选项框中选择"数值"，说明在 D 列中存储的是数字数据；"小数位数"为"0"表示存储的数字只能显示出整数，即使在 D 列中输入"9.22"，也只能显示出"9"；使用"千位分隔符"说明如果输入的数字每过千位，将会出现分隔符，如果输入的数字是"10000"，将会显示成"10,000"。

（6）选中 F、G 两列，如上述在弹出的"设置单元格格式"对话框的"数字"标签中选择"会计专用"选项，"小数位数"填入"2"，"货币符号"选择

"¥"，如图 2 - 6 - 7 所示，单击"确定"完成此步操作。

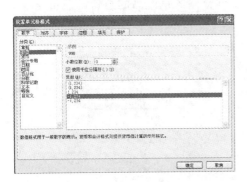

图 2 - 6 - 6　"数值"格式选项卡　　　图 2 - 6 - 7　"会计专用"格式选项卡

在 F 列、G 列中存储的是产品的单价和总价，选择"¥"符号是因为在财务报表中，代表人民币的数值都需要前面加"¥"符号来标识。

（7）在"编号"和"名称"中输入公司所销售产品的编号和产品名称；在 C3 单元格中输入相对应产品的生产日期，如输入"2014 - 7 - 1"按"Enter"键，那么在 C3 单元格显示的是"2008 年 7 月 1 日"；在 D3 单元格中输入"1000"，那么显示出"1,000"；在 F3 单元格中输入产品的单价"1000"，显示出的数值是"¥1,000"，且"1000"靠右对齐。在其他单元格相对应地输入产品的数据。最后输入的结果如图 2 - 6 - 8 所示。

	A	B	C	D	E	F
1	北京华信公司产品生产记录表					
2	编号	名称	生产日期	数量	单位	单价
3	C001	验钞机	2014年7月1日	998	台	¥　1,200.00
4	C002	点钞机	2014年1月9日	1,800	台	¥　　900.00
5	C003	保险柜	2013年1月2日	1,000	个	¥　2,000.00
6	C004	保险箱	2014年1月8日	500	个	¥　4,000.00
7	C005	运钞柜	2014年9月1日	200	个	¥　4,500.00
8	C006	捆钞机	2013年1月2日	10,000	台	¥　　500.00
9	C007	打印机	2014年1月5日	2,000	台	¥　　900.00
10	C008	装订机	2014年1月3日	15,000	台	¥　　300.00

图 2 - 6 - 8　输入结果样例

二、对单元格进行数据填充

当我们要输入相同、顺序等有一定规律的数据或复制公式、文本等时，在数据量较多的情况下，手工一一输入无疑是烦琐和耗费时间的，在这种情况下，我们可以使用 Excel 中的自动填充功能，使数据的输入在极短的时间内完成，以下介绍如何使用自动填充。

（1）在"产品生产记录表"工作表中的 G 列存储的是产品的总价，总价 = 数量×单价。在 G3 单元格中输入公式" = D3 * F3"，结果如图 2 - 6 - 9 所示。

图 2 - 6 - 9　输入公式样例

由此可知，G4 到 G10 单元格的公式是" = D4 * F4"…" = D10 * F10"，如果每个单元格的公式用手工输入的话会浪费大量的时间跟精力，而且在输入的过程中极其有可能出错，在这时候，如果使用自动填充功能，无疑会大大提高我们的工作效率。

（2）选中 G3 单元格，把鼠标指向 G3 单元格边框的右下角，当光标由空心大十字变成实心黑十字时。按住鼠标左键不不放，一直往下拖至 G10 单元格放开鼠标，可以发现 G2: G10 单元格区域中的每个单元格均自动填充上了相对应的数字，结果如图 2 - 6 - 10 所示。

图 2 - 6 - 10　自动填充公式样例

※提示：选定需要填充相同数据的单元格区域，然后输入数据信息，按"Ctrl + Enter"快捷键，则可在选中的区域中填充相同的数据。

（3）至此完成了此表的所有操作，此时点击"文件"菜单下的"另存为"命令按钮把此工作簿进行保存。

三、数据的查找和替换

如果不小心在工作表中输错了数据信息，或者是需要对某一产品或全部产品的数据信息进行修改，在存储大量数据的工作表中寻找无疑是很困难的，这时候需要使用"查找/替换功能"对数据进行查找或者查找后进行替换修改。如在"产品生产记录表"中把所有 2014 年 1 月 5 日生产的产品均当成 2014 年 1 月 10 日生产的产品进行输入，因此需要修改成正确的生产日期，具体操作步骤如下：

（1）选中 C 列的任一单元格，依次点击"编辑"→"查找和选择"，弹出"查找和替换"对话框，如图 2 - 6 - 11 所示。

图 2 - 6 - 11　"查找和替换"对话框

（2）选择"替换"标签，在"查找内容"中输入"2014 - 1 - 5"，点击"查找全部"，将会在工作表中搜索出所有符合条件的数值记录，如图 2 - 6 - 12 所示只搜索出了一个单元格。

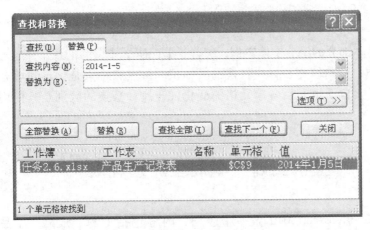

图 2 - 6 - 12　显示查找结果

确认查找的记录就是我们需要修改的记录，在"替换为"中输入"2014 - 1 - 10"，点击"替换"，数据将会被修改，修改后如图 2 - 6 - 13 所示。

※**提示**：使用"Ctrl + F"快捷键也可以打开"查找和替换"对话框。

如果需要查找和替换成特殊格式的数据，可以在"查找和替换"对话框中点击"选项"按钮显示或者隐藏更详细的设置，如图 2 - 6 - 13 所示。

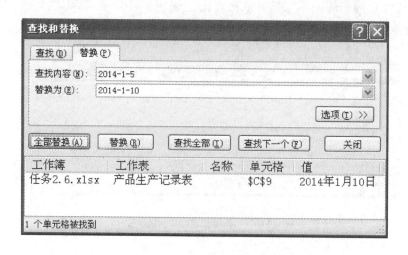

图 2 - 6 - 13   替换内容

 任务小结

本任务是本部分的第一实体案例，综合了前面所学知识的汇总，并学习了数字格式的分类、自动填充、查找替换的新知识。重点和难点是：自动填充的使用，要仔细观察自动填充后各单元格的变化，查找和替换的区别及其使用上的选择。

上机实训   车间生产损耗表

实训要求：用 Excel 2010 做一个表格，内容包括原料、成品、次品、损耗品。

任务七　产品销售统计表

任务说明

产品生产的目的是为了销售，每个公司生产出产品，就要想各种策略把产品销售给需要的客户。销售部的老刘要对 2012 年 9 月 12 日所负责的代理品牌的家电销售数据（见图 2 - 7 - 1）进行统计，他要了解家电在各个地区的销售情况，并以各种条件分类统计销售数据的内容。

	A	B	C	D	E	F	G
1	销售统计表						
2	日期	地区	产品	型号	数量	单价	销售总额
3	2014-8-20	广州	洗衣机	AQH	18	1600	28800
4	2014-8-20	上海	洗衣机	AQH	20	1600	32000
5	2014-8-20	广州	彩电	BJ-1	18	3600	64800
6	2014-8-20	上海	彩电	BJ-1	20	3600	72000
7	2014-8-20	北京	彩电	BJ-2	15	5900	88500
8	2014-8-20	北京	彩电	BJ-2	20	5900	118000
9	2014-8-20	广州	电冰箱	BY-3	55	2010	110550
10	2014-8-20	上海	电冰箱	BY-3	50	2010	100500
11	2014-8-20	广州	音响	JP	23	8000	184000
12	2014-8-20	广州	音响	JP	33	8000	264000
13	2014-8-20	北京	微波炉	NN-K	20	4100	82000
14	2014-8-20	北京	微波炉	NN-K	25	4050	101250

图 2 - 7 - 1　销售统计表

 学习目标

➤ 掌握数据有效性和单元格批注的设置。
➤ 掌握设置工作表的背景和单元格边框线的方法。
➤ 了解打印预览。

知识要点

➢ 数据有效性条件的设置。
➢ 单元格背景与字体的设置。

 任务实施

一、数据排序

排序操作要求：对销售记录表按地区升序排序；地区相同时，按产品升序排序；产品相同时，按型号升序排序，型号相同时，按数量降序排序。

操作步骤如下：

（1）单击数据表中的任一单元格，单击菜单"数据"→"排序和筛选"→"排序"，如图 2－7－2 所示。

（2）在"排序"对话框中设置排序条件，如图 2－7－3 所示。

图 2－7－2　"数据"菜单

图 2－7－3　"排序"选项卡

（3）单击"确定"，得到结果如图 2－7－4 所示。

	A	B	C	D	E	F	G
1	销售统计表						
2	日期	地区	产品	型号	数量	单价	销售总额
3	2014-8-20	北京	彩电	BJ-2	20	5900	118000
4	2014-8-20	北京	彩电	BJ-2	15	5900	88500
5	2014-8-20	北京	微波炉	NN-K	25	4050	101250
6	2014-8-20	北京	微波炉	NN-K	20	4100	82000
7	2014-8-20	广州	彩电	BJ-1	18	3600	64800
8	2014-8-20	广州	电冰箱	BY-3	55	2010	110550
9	2014-8-20	广州	洗衣机	AQH	18	1600	28800
10	2014-8-20	广州	音响	JP	33	8000	264000
11	2014-8-20	广州	音响	JP	23	8000	184000
12	2014-8-20	上海	彩电	BJ-1	20	3600	72000
13	2014-8-20	上海	电冰箱	BY-3	50	2010	100500
14	2014-8-20	上海	洗衣机	AQH	20	1600	32000

图 2－7－4　排序结果

二、数据筛选

操作要求：筛选出"销售总额"大于 50000 且销售地区在广州的销售记录。

操作步骤如下：

（1）单击数据表中任一单元格，单击菜单栏"数据"→"排序和筛选"→"筛选"，如图 2-7-5 所示。

图 2-7-5　"数据"菜单

（2）在"地区"下拉列表框中选择"广州"，单击"确定"按钮，如图 2-7-6 所示。

（3）在"销售总额"中选择"数字筛选"→"大于…"选项，如图 2-7-7 所示。

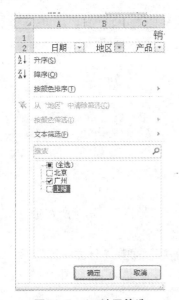

图 2-7-6　地区筛选

图 2-7-7　销售总额筛选

（4）在"自定义自动筛选方式"对话框中的关系栏中选择"大于"，在数值栏中输入50000，如图2-7-8所示，单击"确定"按钮，即可筛选出销售总额大于50000的记录，结果如图2-7-9所示。

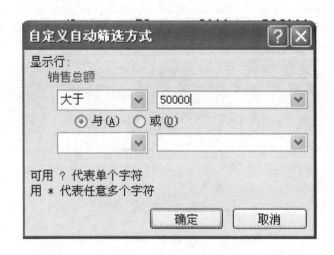

图2-7-8 自动筛选方式对话框

	A	B	C	D	E	F	G
1			销售统计表				
2	日期	地区	产品	型号	数量	单价	销售总
7	2014-8-20	广州	彩电	BJ-1	18	3600	64800
8	2014-8-20	广州	电冰箱	BY-3	55	2010	110550
10	2014-8-20	广州	音响	JP	33	8000	264000
11	2014-8-20	广州	音响	JP	23	8000	184000

图2-7-9 筛选结果表

三、数据分类汇总

操作要求：按地区分类汇总各地区的销售总额。

注意：分类汇总前务必对分类的字段进行排序。

操作步骤如下：

（1）单击菜单"数据"→"排序"，主关键字选择"地区"，先对所在地区进行排序。

（2）单击菜单"数据"→"分类汇总"，设置分类汇总中"分类字段"为"地区"，"汇总方式"为"求和"，"选定汇总项"为"销售总额"，如图2-7-10所示。

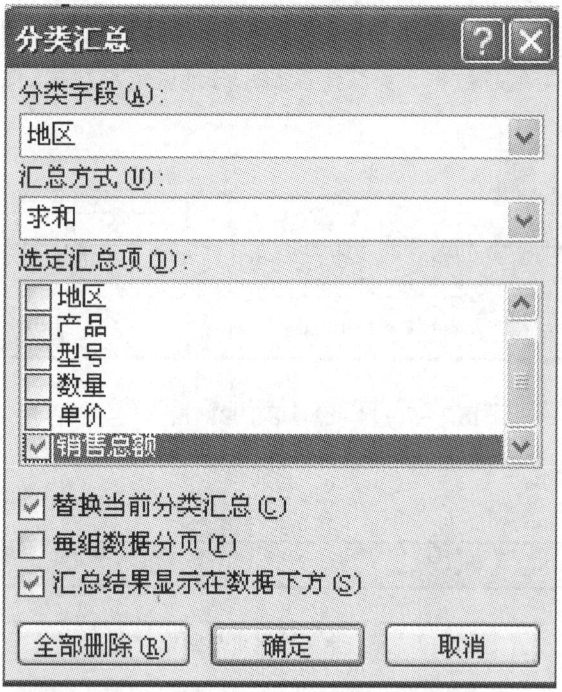

图 2－7－10 “分类汇总”对话框

单击“确定”按钮，得到结果如图 2－7－11 所示。

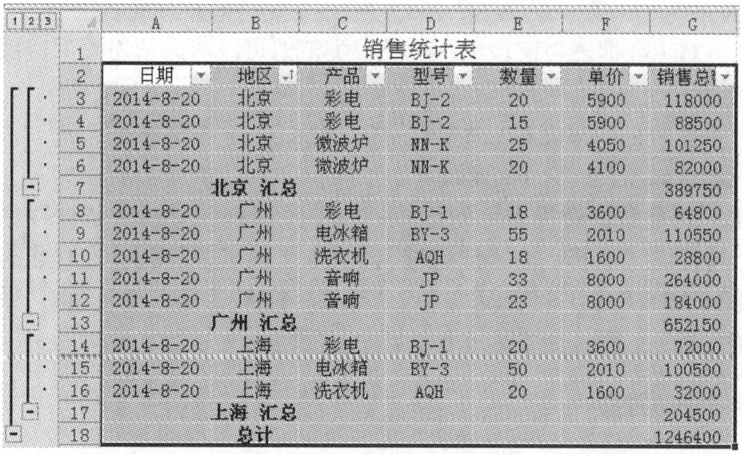

	A	B	C	D	E	F	G
1	销售统计表						
2	日期	地区	产品	型号	数量	单价	销售总额
3	2014-8-20	北京	彩电	BJ-2	20	5900	118000
4	2014-8-20	北京	彩电	BJ-2	15	5900	88500
5	2014-8-20	北京	微波炉	NN-K	25	4050	101250
6	2014-8-20	北京	微波炉	NN-K	20	4100	82000
7		北京 汇总					389750
8	2014-8-20	广州	彩电	BJ-1	18	3600	64800
9	2014-8-20	广州	电冰箱	BY-3	55	2010	110550
10	2014-8-20	广州	洗衣机	AQH	18	1600	28800
11	2014-8-20	广州	音响	JP	33	8000	264000
12	2014-8-20	广州	音响	JP	23	8000	184000
13		广州 汇总					652150
14	2014-8-20	上海	彩电	BJ-1	20	3600	72000
15	2014-8-20	上海	电冰箱	BY-3	50	2010	100500
16	2014-8-20	上海	洗衣机	AQH	20	1600	32000
17		上海 汇总					204500
18		总计					1246400

图 2－7－11 分类汇总结果

分类汇总后,数据表左上角出现 1 2 3 3 个层次的数据,其中第 3 层次显示数据表的明细数据与汇总数据,第 2 层次显示分地区汇总数据,如图 2 - 7 - 12 所示。

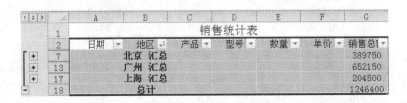

图 2 - 7 - 12　分地区汇总数据

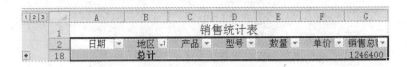

图 2 - 7 - 13　全部地区汇总数据

第 1 层次是指全部地区汇总结果,如图 2 - 7 - 13 所示。

四、创建数据透视表

操作要求:统计不同地区不同产品销售总额的数据透视表,并创建该数据表的数据透视图。

知识补充:对于数据表多字段的统计及分类汇总可以考虑使用数据透视表。

操作步骤如下:

(1)选中数据表任一单元格,单击菜单"插入"→"数据透视表"→"数据透视表"选项,如图 2 - 7 - 14 所示。

(2)弹出"创建数据透视表"对话框,在"请选择要分析的数据"区域中选择第一个单选按钮"选择一个表或区域",单击"确定"按钮,按住鼠标左键将"地区"拖到表格中的"列字段",将"产品"拖到"行字段",将"销售总额"拖到"值字段",透视表结果如图 2 - 7 - 15 所示。

五、创建数据透视图

同样以上例进行数据透视图的制作。操作步骤如下:

(1)单击数据表中任一数据,单击菜单"插入"→"数据透视表"→"数据透视图"选项,出现如图 2 - 7 - 16 所示结果。

图 2 - 7 - 14 "数据透视表"选项

	A	B	C	D
A3	行标签			
4	⊟北京	80	19950	389750
5	⊟彩电	35	11800	206500
6	⊟BJ-2	35	11800	206500
7	2014-8-20	35	11800	206500
8	⊟微波炉	45	8150	183250
9	⊟NN-K	45	8150	183250
10	2014-8-20	45	8150	183250
11	⊟广州	147	23210	652150
12	⊟彩电	18	3600	64800
13	⊟BJ-1	18	3600	64800
14	2014-8-20	18	3600	64800
15	⊟电冰箱	55	2010	110550
16	⊟BY-3	55	2010	110550
17	2014-8-20	55	2010	110550
18	⊟洗衣机	18	1600	28800
19	⊟AQH	18	1600	28800
20	2014-8-20	18	1600	28800
21	⊟音响	56	16000	448000
22	⊟JP	56	16000	448000
23	2014-8-20	56	16000	448000
24	⊟上海	90	7210	204500
25	⊟彩电	20	3600	72000
26	⊟BJ-1	20	3600	72000
27	2014-8-20	20	3600	72000
28	⊟电冰箱	50	2010	100500
29	⊟BY-3	50	2010	100500
30	2014-8-20	50	2010	100500

图 2 - 7 - 15 透视表结果

（2）按住鼠标左键把"地区"拖到表格中的"列字段"，将"产品"拖到"行字段"，将"销售总额"拖到"值字段"，得到数据透视图结果，如图 2 - 7 - 17 所示。

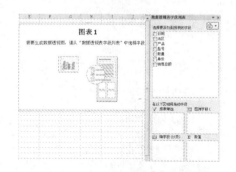

图 2 - 7 - 16 "数据透视图"选项

图 2 - 7 - 17 数据透视图结果

 任务小结

销售情况表是重要的财务报表，为了能直观且避免出错，我们使用了会计专用的数字类型，加入了数据有效性的检测。重点和难点是：什么时候可以使用数据有效性，数据有效性的来源设置都是必须要掌握的内容。

上机实训　财年销售预算表

实训要求：

1. 指导思想

财务预算作为公司各项工作计划的综合表述和公司财务的综合安排，同时也是公司经营控制的依据和员工绩效考核的标准。做好预算有利于优化公司资产管理，统筹安排资金，降低运营成本，减少费用审批环节，提高工作效率，实现企业价值最大化，意义重大。

2. 编报原则

（1）实事求是的原则。尊重企业发展阶段的行业特性，理性确定年度经营目标，切忌虚高或有所保留。

（2）兼顾需要与可能原则。

（3）费用预算收付实现制相结合原则。

3. 预算内容

（1）2014～2015 财年的销售计划。

（2）公司相关部门全年的费用及资金支出计划。

（3）公司 2014 财年费用及资金支出计划。

（4）上年同期的实际发生数。

任务八　固定资产报表

 任务说明

固定资产报表是将固定资产的传统手工管理转化为计算机自动化管理的基础，它是记录固定资产购置、使用、折旧和处置等各方面信息的 Excel 工作表，是固定资产手工记录向计算机管理的一个衔接。在本任务中，我们将制作如图 2-8-1所示的"固定资产统计表"，并利用此表制作了分类汇总和数据透视，利用分类汇总和数据透视我们可以很容易对固定资产做出详细的分析。

	办公室设备台账				
型号	价格	数量	启用时间	停用时间	购买日期
HP-0098	4500	10	2013年2月1日		2013年1月10日
LN-01	3999	8	2013年9月9日		2013年9月5日
AS-09	8900	3	2013年12月1日		2013年11月20日
ES-194	998	8	2013年4月8日		2013年4月1日
ES-012	500	6	2013年1月28日		2013年1月20日
LG-2000	4000	1	2013年7月28日		2013年7月25日
LG-900	2899	4	2013年9月12日		2013年9月10日
CZ-0990	1999	1	2013年12月12日		2013年12月10日
CZ-8000	300	3	2013年1月28日		2013年1月25日
BG-9887	2100	1	2013年7月7日		2013年7月5日
DZ-900	8000	2	2013年10月9日		2013年10月5日
DZ-1000	12000	1	2013年5月8日		2013年5月5日
NM-001	6999	1	2013年3月24日		2013年3月20日
SO-090	600	4	2013年12月20日		2013年12月15日

图 2-8-1　固定资产统计表

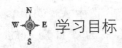 学习目标

➤ 强化掌握数据分类汇总的使用。

➤熟练掌握数据透视表功能的使用。

知识要点

➤多重分类汇总的使用。
➤数据透视表"布局"的设置。

任务实施

一、工作表的格式化

（1）新建一个工作簿。

（2）把工作表"Sheet1"更名为"固定资产统计表"；工作表"Sheet2"更名为"固定资产分类汇总表"。

（3）在"固定资产统计表"中的 A1 单元格中输入文字"办公室设备台账"，选定 A1：G1 单元格，点击对齐方式中的"居中"及"合并单元格"按钮，设置字体为"黑体"，颜色为"红色"，字号为"18"。

（4）如图 2-8-2 所示，在工作表的其他单元格输入相应的数据信息。

	A	B	C	D	E	F	G
1				办公室设备台账			
2	设备名称	型号	价格	数量	启用时间	停用时间	购买日期
3	电脑	HP-0098	4500	10	2013年2月1日		2013年1月10日
4	电脑	LN-01	3999	8	2013年9月9日		2013年9月5日
5	电脑	AS-09	8900	3	2013年12月9日		2013年11月20日
6	打印机	ES-194	998	8	2013年4月8日		2013年4月1日
7	打印机	ES-012	500	6	2013年1月28日		2013年1月20日
8	复印机	LG-2000	4000	1	2013年7月28日		2013年7月25日
9	复印机	LG-900	2899	4	2013年9月12日		2013年9月10日
10	传真机	CZ-0990	1999	1	2013年12月12日		2013年12月10日
11	传真机	CZ-8000	300	3	2013年1月28日		2013年1月25日
12	传真机	BG-9887	2100	1	2013年7月7日		2013年7月5日
13	投影仪	DZ-900	8000	2	2013年10月9日		2013年10月5日
14	投影仪	DZ-1000	12000	1	2013年5月8日		2013年5月5日
15	投影仪	NM-001	6999	1	2013年3月24日		2013年3月20日
16	扫描仪	SO-090	600	4	2013年12月20日		2013年12月15日

图 2-8-2　输入表格数据信息

（5）选中第 2 行，点击"居中"按钮，设置字号为"14"；选中 A3：G16 单元格区域，设置"左对齐"；选中 D、E、F 三列，设置格式为"日期"的"2001 年 3 月 14 日"类型。完成效果如图 2-8-3 所示。

			办公室设备台账			
	型号	价格	数量	启用时间	停用时间	购买日期
HP-0098	4500	10	2013年2月1日		2013年1月10日
LN-01	3999	8	2013年9月9日		2013年9月5日
AS-09	8900	3	2013年12月1日		2013年11月20日
ES-194	998	8	2013年4月8日		2013年4月1日
ES-012	500	6	2013年1月28日		2013年1月20日
LG-2000	4000	1	2013年7月28日		2013年7月25日
LG-900	2899	4	2013年9月12日		2013年9月10日
CZ-0990	1999	1	2013年12月12日		2013年12月10日
CZ-8000	300	3	2013年1月28日		2013年1月25日
EG-9887	2100	1	2013年7月7日		2013年7月5日
DZ-900	8000	2	2013年10月8日		2013年10月5日
DZ-1000	12000	1	2013年5月8日		2013年5月5日
NM-001	6999	1	2013年3月24日		2013年3月20日
SO-090	600	4	2013年12月20日		2013年12月15日

图 2 - 8 - 3　调整表格数据格式

（6）在"固定资产统计表"中按"Ctrl + A"组合键，全选此表的所有数据记录，然后按"Ctrl + C"组合键，复制选中的所有数据记录；点击"固定资产分类汇总表"工作表标签，切换到此表，按"Ctrl + V"组合键，粘贴刚刚复制"固定资产统计表"中的数据记录。

二、分类汇总

（1）选定"固定资产分类汇总表"中的任意一个单元格，依次单击"数据"菜单→"分类汇总"命令按钮，在弹出的"分类汇总"对话框中，"分类字段"选择"设备名称"，"汇总方式"为"求和"，"选定汇总项"选中"价格"和"数量"，点击"确定"，如图 2 - 8 - 4 所示。

分类汇总的结果如图 2 - 8 - 5 所示。

图 2 - 8 - 4　"分类汇总"选项卡

图 2 - 8 - 5　分类汇总结果

（2）接着依然选定当前表的任一表格，打开"分类汇总"对话框，在"分类字段"中选择"设备名称"，"汇总方式"选择"最小值"，"选定汇总项"中只勾选"启用时间",其他选项的均不勾选,把"替换当前分类汇总"前的钩去掉,点击"确定",完成操作的结果如图 2-8-6 所示,在此表中,我们不仅能很清楚详细地看到设备数量和价格的总和还能查看出各类设备最早启用的时间。这样就完成了当前表的两次分类汇总。

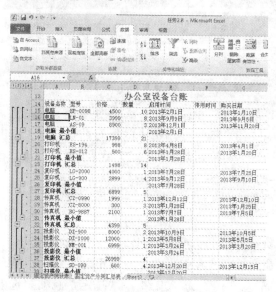

图 2-8-6 两次分类汇总结果

三、数据透视表

(1)切换到"固定资产统计表",选中 A2:G16 单元格区域,依次单击"插入"菜单→"数据透视表和数据透视图",弹出"创建数据透视表",点击"下一步",如图 2-8-7 所示。

(2)由于在上一步中我们已经选中了 A2:G16 单元格,所以这里不需要设置,只需要保持默认即可,点击"下一步",如图 2-8-8 所示。

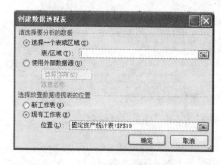

图 2-8-7 "创建数据透视表"选项卡

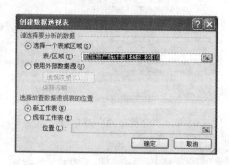

图 2-8-8 "创建数据透视表"选项卡

（3）在对话框中选中"新建工作表"，点击"确定"。如图 2-8-9 所示。

（4）选择要添加到报表中的字段，在设备名称、价格、数量、购买日期之前打钩，如图 2-8-10 所示。

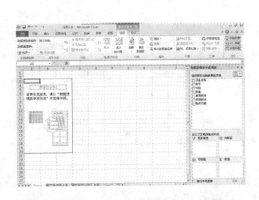

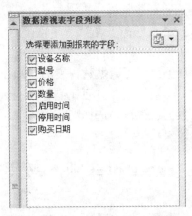

图 2-8-9 "数据透视表"生成页面　　　图 2-8-10 数据透视表字段列表

点击"确定"，返回到图 2-8-9 中，单击"完成"。

（5）确定后，得到一个工作透视表，用来查看某个日期里购买了什么设备和此设备的价格、数量等，如图 2-8-11 所示。

行标签	求和项:价格	求和项:数量
传真机	4399	5
2013年1月25日	300	3
2013年7月5日	2100	1
2013年12月10日	1999	1
打印机	1498	14
2013年1月20日	500	6
2013年4月1日	998	8
电脑	17399	21
2013年1月10日	4500	10
2013年9月5日	3999	8
2013年11月20日	8900	3
复印机	6899	5
2013年7月25日	4000	1
2013年9月10日	2899	4
扫描仪	600	4
2013年12月15日	600	4
投影仪	26999	4
2013年3月20日	6999	1
2013年5月5日	12000	1
2013年10月5日	8000	2
总计	57794	53

图 2-8-11 数据透视表样

（6）把此表的名称改为"固定资产数据透视表"；给"固定资产统计表"中A1：G16单元格区域加上外边框线。

（7）保存此工作簿，完成整个固定资产报表。

 任务小结

本任务讲解了数据透视表的新知识，数据透视表在我们制作财务报表中是很重要的一个辅助表，方便我们直接查询报表中的各类数据汇总。重点和难点是：如何在数据透视表中选择汇总的数据。

上机实训　财年销售预算图表分析

实训要求：做出财年销售预算数据透视表，进行图表分析。

任务九　职工工资表

 任务说明

　　职工工资表是单位必须创建的表格，很多单位都会通过电子表格做简易的工资条发给员工。通过本例学习，你将学会文字的录入、数据的自动填充、数据的简单计算等内容。由于实际工资表要做扣税，需要一定的财会知识，所以本任务中我们实际制作了一张简单的"员工工资表"，制作完成如图2-9-1所示。

图2-9-1　职工工资表样本

学习目标

➤ 学习和掌握 COUNTIF 判断函数的使用。
➤ 强化掌握公式与函数的使用。

知识要点

➢ COUNTIF 函数的使用。
➢ 条件格式中多条件的设置。

任务实施

操作要求：

（1）计算实发工资，实发工资 = 应发工资 – 个人所得税。

（2）分部门统计部门人数总和，实发工资总和，部门平均工资。

※提示：分部门统计人数可以使用 COUNTIF 函数，分部门统计实发工资可以使用 SUMIF 函数。

预备知识：Excel 2010 创建公式的步骤：

（1）选中输入公式的单元格；

（2）输入等号；

（3）在单元格或编辑框中输入公式；

（4）按 Enter 键，完成公式的创建。

一、创建职工工资表的基本公式并计算每位职工的实发工资

操作步骤如下：

（1）选中输入公式的单元格。单击需要输入公式的单元格 I3，并输入"="，如图 2 – 9 – 2 所示，输入公式必须以等号"="起首，例如"= A1 + A2"，这样 Excel 才知道输入的是公式，而不是一般的文字数据。

职工工资表							
编号	姓名	部门	基本工资	奖金	社会保险	应发工资	个人所得税	实发工资
1	孙亮	机关	7021	2000	1263.78	7757.22	856.44	=
2	胡福康	销售部	4512	800	866.34	4745.66	347	

图 2 – 9 – 2　输入公式步骤一

（2）接着输入"="之后的公式，在单元格 G3 上单击，Excel 便会将 G3 输入数据编辑列中，再输入键盘上的"–"，然后选取 H3 单元格，如此公式的内容便输入完成了，如图 2 – 9 – 3 所示。

AVERAGE ▾ × ✓ f_x =G3-H3

	A	B	C	D	E	F	G	H	I
1				职工工资表					
2	编号	姓名	部门	基本工资	奖金	社会保险	应发工资	个人所得税	实发工资
3	1	孙亮	机关	7021	2000	1263.78	7757.22	856.44	=G3-H3
4	2	胡福康	销售部	4513	800	866.34	4746.66	347	

图 2－9－3 输入公式步骤二

（3）最后按下数据编辑列上的输入按钮✓或按下 Enter 键，公式计算的结果马上显示在 I3 单元格中，如图 2－9－4 所示。

1				职工工资表					
2	编号	姓名	部门	基本工资	奖金	社会保险	应发工资	个人所得税	实发工资
3	1	孙亮	机关	7021	2000	1263.78	7757.22	856.44	6900.78

图 2－9－4 输入公式步骤三

（4）把光标定位到已算出结果的 I3 单元格的右下角，当光标由空心的十字变成实心的十字时，这时，按住鼠标左键不放，拖动公式填充至 I14 单元格，即可得到每位员工的实发工资，结果如图 2－9－5 所示。

1				职工工资表					
2	编号	姓名	部门	基本工资	奖金	社会保险	应发工资	个人所得税	实发工资
3	1	孙亮	机关	7021	2000	1263.78	7757.22	856.44	6900.78
4	2	胡福康	销售部	4513	800	866.34	4746.66	347	4399.66
5	3	吕小新	客服中心	4813	3000	812.34	6700.66	645.13	6055.53
6	4	李曙光	客服中心	2222	3000	399.96	4822.04	358.31	4463.73
7	5	王继昌	研发部	4516	800	812.88	4503.12	310.47	4192.65
8	6	庄作朋	客服中心	2016	300	362.88	1953.12	17.66	1935.46
9	7	黄启明	业务部	4814	2000	866.52	5947.48	527.12	5420.36
10	8	刘恒军	后勤部	4814	300	866.52	4247.48	272.12	3975.36
11	9	刘传江	机关	4513	3000	812.34	6700.66	645.13	6055.53
12	10	周广领	后勤部	1815	2000	326.7	3488.3	163.83	3324.47
13	11	祝东菊	机关	1817	300	327.06	1789.94	9.5	1780.44
14	12	王雪	后勤部	1710	300	307.8	1702.2	5.11	1697.09

图 2－9－5 实发工资部分结果

二、统计每个部门的总人数、实发工资总和及平均工资

在员工工资统计表中统计每个部门的总人数及实发工资总和可以使用 COUNTIF 与 SUMIF 函数实现。COUNTIF 与 SUMIF 函数提供了按条件计数及按条件求和的基本功能。

知识补充：

（1）COUNTIF 函数。

功能：COUNTIF 函数对区域中满足单个指定条件的单元格进行计数。

语法：COUNIF（Range，Criteria）。

COUNTIF 函数语法具有下列参数（参数为操作、事件、方法、属性、函数或过程提供信息的值）：

Range：必需，要对其进行计数的一个或多个单元格，其中包括数字或名称、数组或包含数字的引用。空值和文本值将被忽略。

Criteria：必需，用于定义将对单元格进行计数的数字、表达式、单元格引用或文本字符串。例如，条件可以表示为 32、">32"、B4、"苹果" 或 "32"。

（2）SUMIF 函数。

功能：使用 SUMIF 函数可以对区域中符合指定条件的值求和（区域：工作表上的两个或多个单元格。区域中的单元格可以相邻或不相邻）。

语法：SUMIF（Range，Criteria，［Sum Rangel］）

SUMIF 函数语法具有以下参数：

Range：必需，用于条件计算的单元格区域。每个区域中的单元格都必须是数字或名称、数组或包含数字的引用。空值和文本值将被忽略。

Criteria：必需，用于确定对单元格求和的条件，其形式可以为数字、表达式、单元格引用、文本或函数。例如，条件可以表示为 32、">32"、B4、"苹果"、"32" 或 TODAY（）。

※提示：任何文本条件或任何含有逻辑或数学符号的条件都必须使用双引号括起来。如果条件为数字，则无须使用双引号。

Sum Range：可选，要求和的实际单元格（如果要对未在 Range 参数中指定的单元格求和）。如果 Sum Range 参数被省略，Excel 会对在 Range 参数中指定的单元格（即应用条件的单元格）求和。

统计每个部门总人数的操作步骤如下：

（1）选定"人数"标题下的单元格，在编辑栏输入公式"=COUNTIF（C3：C164，K7）"（凡公式中的符号都是半角的，输入全角符号将会导致公式出错），函数输入的最终结果如图 2-9-6 所示。

图 2-9-6　编辑栏 COUNTIF 函数截图

按回车键，即可得到人数，如图 2 - 9 - 7 所示。

（2）使用句柄对其他部门的人数填充公式，填充前务必要使计算机关人数的公式中的部门区域 C3：C1 为绝对引用，即将原公式的 " = COUNTIF（C3：C164，K7）" 改为 " = COUNTIF（$ C $ 3：$ C $ 164，K7）" 后才可以往后填充公式，以得到其他部门的人数。填充公式后的结果如图 2 - 9 - 8 所示。

部门	人数	实发工资	平均工资
销售部	1		
客服中心			
研发部			
业务部			
后勤部			
机关			

部门	人数	实发工资	平均工资
销售部	1		
客服中心	3		
研发部	1		
业务部	1		
后勤部	3		
机关	3		

图 2 - 9 - 7　COUNTIF 函数结果　　　　图 2 - 9 - 8　COUNTIF 函数填充公式结果

知识补充：单元格的相对引用如 C3，绝对引用如 $ C $ 3，混合引用如 C $ 3。

（1）相对引用，复制或填充公式时地址跟着发生变化，如 C1 单元格有公式：" = A1 + B1"，当将公式复制到 C2 单元格时变为：" = A2 + B2"，当将公式复制到 D1 单元格时变为：" = B1 + C1"。

（2）绝对引用，复制或填充公式时地址不会跟着发生变化，如 C1 单元格有公式：" = $ A $ 1 + $ B $ 1"，当将公式复制到 C2 单元格时仍为：" = $ A $ 1 + $ B $ 1"，当将公式复制到 D1 单元格时仍为：" = $ A $ 1 + $ B $ 1"。

（3）混合引用，复制或填充公式时地址的部分内容跟着发生变化，如 C1 单元格有公式：" = $ A + B $ 1"，当将公式复制到 C2 单元格时变为：" = $ A2 + B $ 1"，当将公式复制到 D1 单元格时变为：" = $ A1 + C $ 1"。

即 " = $ A1 + B $ 1"。

统计每个部门的实发工资总和的操作步骤如下：

（1）光标定位在 "实发工资" 单元格下方的单元格，如图 2 - 9 - 9 所示。

部门	人数	实发工资	平均工资
销售部	1		
客服中心	3		
研发部	1		
业务部	1		
后勤部	3		
机关	3		

图 2 - 9 - 9　SUMIF 函数应用位置

输入公式"=SUMIF（C3：C14，K4，I3：I14）"，如图 2-9-10 所示。

$$f_x \quad =SUMIF(C3:C14,K4,I3:I14)$$

图 2-9-10　SUMIF 函数录入公式内容

按下 Enter 键得到第一个部门的实发工资总和结果，如图 2-9-11 所示。

部门	人数	实发工资	平均工资
销售部	1	4399.66	
客服中心	3		
研发部	1		
业务部	1		
后勤部	3		
机关	3		

图 2-9-11　SUMIF 函数结果

（2）填充公式。往下填充公式时，由于考虑到 SUMIF 函数的条件范围及求和范围对于每个部门都是一致的，函数的条件范围是 C3:C14，求和的范围是 I3:I14，往下填充公式前应把条件范围及求和范围改为绝对引用，如图 2-9-12 所示。

$$f_x \quad =SUMIF(\$C\$3:\$C\$14,K4,\$I\$3:\$I\$14)$$

图 2-9-12　SUMIF 函数绝对引用

然后向下填充公式，即可得到其他部门的实发工资总和，如图 2-9-13 所示。

部门	人数	实发工资	平均工资
销售部	1	4399.66	
客服中心	3	12454.7	
研发部	1	4192.65	
业务部	1	5420.36	
后勤部	3	8996.92	
机关	3	14736.8	

图 2-9-13　SUMIF 函数公式填充结果

统计每个部门的平均工资的操作步骤如下：

※**提示：**平均工资＝部门实发工资总和/部门人数。

选中"平均工资"下方的单元格，输入公式"＝M4/L4"，得到公式如图 2 – 9 – 14 所示。按 Enter 键即可得到该部门的平均工资。

往下填充公式即可得到其他部门的平均工资，如图 2 – 9 – 15 所示。

部门	人数	实发工资	平均工资
销售部	1	4399.66	4399.66
客服中心	3	12454.7	4151.57
研发部	1	4192.65	4192.65
业务部	1	5420.36	5420.36
后勤部	3	8996.92	2998.97
机关	3	14736.8	4912.25

f_x ＝M4/L4

图 2 – 9 – 14　平均工资公式截图　　　图 2 – 9 – 15　平均工资公式填充结果

 任务小结

在本任务中主要学习了 SUMIF 函数和条件格式的使用，这两个知识都是在我们财务报表中非常重要的，是必须要掌握的内容。

上机实训　企业职工工资汇总表

实训要求：用 Excel 2010 制作出企业职工工资表，用 SUMIF 统计出各部门的平均工资、各部门的总工资等。

任务十 职工工资表的图表分析

 任务说明

在 Excel 2010 中图表是个很重要的部分。在我们日常的报表管理中，有时候文字、数字并不能很直观、一目了然地对报表的数据进行分析，这时候就需要使用图表，这样使得数据更加形象、直观地反映其变化和发展的规律，作为决策分析使用。当工作表中的数据源发生变化时，图表中对应项的数据也自动更新。本任务中就以任务九中完成的职工工资表为模板，通过讲解数据透视图的使用及其编辑来学习在 Excel 2010 中使用图表。完成后的效果如图 2 - 10 - 1 所示。

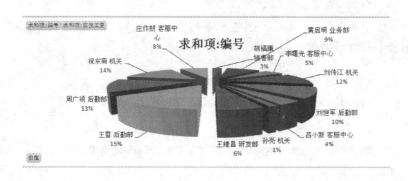

图 2 - 10 - 1　图表分析样本

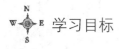 学习目标

➢ 掌握数据透视图的建立。
➢ 熟练掌握数据透视图的编辑。

知识要点

➤ 数据透视图中汇总项的选择。
➤ "图表选项"各标签的使用。

　任务实施

一、数据透视图的创建

（1）打开在任务九里完成的职工工资表。

（2）单击数据表中任一数据，单击菜单"插入"→"数据透视表"→"数据透视图"选项，出现如图 2 - 10 - 2 所示结果。

（3）按住鼠标左键把"地区"拖到表格中的"列字段"，将"产品"拖到"行字段"，将"销售总额"拖到"值字段"，得到数据透视图结果，如图 2 - 10 - 3 所示。

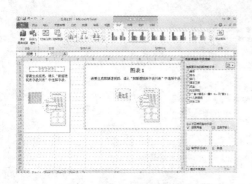

图 2 - 10 - 2　插入数据透视图选项卡

图 2 - 10 - 3　数据透视图结果

二、利用图表分析工资情况

在以上数据透视表的基础上，用三维分离饼图展示每个部门工资占总工资的百分比。

操作步骤如下：

（1）单击菜单"插入"→"饼图"→"分离型三维饼图"，如图 2 - 10 - 4 所示。

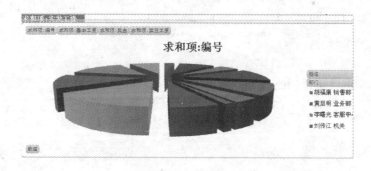

图 2 – 10 – 4　饼图

（2）让该饼图显示数值及百分比。选择"图表工具/设计"，选择最左边的样式，如图 2 – 10 – 5 所示。

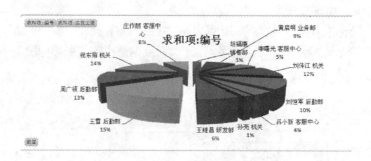

图 2 – 10 – 5　显示百分比的饼图

 任务小结

在本任务中，我们学习了使用一个报表来制作数据透视图的过程，在这个过程中，我们不仅学到了如何创建数据透视图，还学到了一些最基本的常规设置，在这个过程中，我们需要掌握到的知识点是：编辑数据透视图的图表类型，以及如何调整其大小、颜色、数据比列等来更突出其直观性。

上机实训　销售图表分析

实训要求：根据去年的销售情况，做出销售图表，然后做出数据透视图，总结出年销量最多的产品。

第三部分

演示文稿的制作

任务一　会标的制作

某公司准备在某酒店多功能会议厅召开一次面向全国各地经销商的新产品发布会，公司的公关部负责此次会议的筹备工作。为使会议圆满召开，公关部决定采用 PowerPoint 制作演示文稿在会议上使用。首先要制作的是会议文字会标，要求该文稿放映时，一直显示会议名称并用 3 行文字显示 9 个主要经销商的名单，如图 3 - 1 - 1 所示。

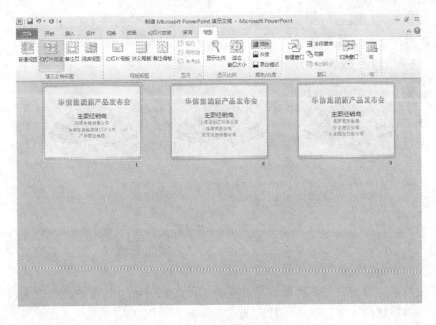

图 3 - 1 - 1　会议文字会标样本

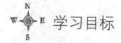 学习目标

➢熟悉 PowerPoint 2010 的工作界面。
➢掌握演示文稿的新建、保存、关闭等操作。
➢掌握幻灯片版式、幻灯片切换的概念。
➢掌握在幻灯片中插入文字的方法。

 知识要点

➢打开 PowerPoint 2010。
➢选择版式。
➢在幻灯片中输入文字。
➢幻灯片的复制。
➢设置幻灯片切换。
➢设置循环播放。
➢幻灯片放映。
➢保存演示文稿。

 任务实施

一、了解 PowerPoint 2010

PowerPoint 2010 是幻灯片制作软件，可制作出集文字、图形、图像、声音、视频、动画等元素于一体的多媒体演示文稿，可在计算机屏幕或大屏幕投影仪上放映幻灯片。

PowerPoint 2010 的工作界面是由大纲窗格、视图切换按钮、幻灯片演示文稿窗格、任务窗格、备注窗格等部分组成，如图 3 – 1 – 2 所示。

大纲窗格中，可通过幻灯片标签和大纲标签选择幻灯片和大纲两种模式。在幻灯片模式中可以方便地对幻灯片进行选定、移动、复制等操作，在大纲模式中可以直接输入、编辑幻灯片的标题和文本。

幻灯片演示文稿窗格是制作幻灯片的主要工作区域，可以直观地进行输入或编辑幻灯片的标题和文本、插入图片、艺术字等各种操作。

任务窗格中的内容会随着选择对象的变化而变化，方便设计者对幻灯片进行各项设置。

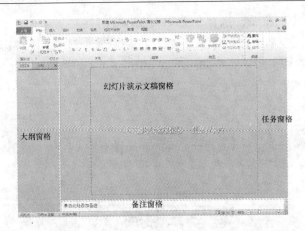

图 3-1-2 PowerPoint 2010 工作界面

备注窗格可以输入每张幻灯片的注释或提示信息,这些信息并不会在幻灯片上显示出来。

二、演示文稿的建立和编辑

(1) 打开 PowerPoint 2010,可以看到如图 3-1-2 所示的启动界面。这是系统自动新建一个名为"演示文稿1"的文件,并插入一张"标题幻灯片"。

(2) 单击"设计"菜单,选择一张你认为合适的设计模板,为幻灯片选择一种外观,效果如图 3-1-3 所示。

※**提示**:设计模板是包含演示文稿样式的文件,它包括项目符号、字体的类型和大小、占位符的大小和位置、背景和填充、配色方案等。

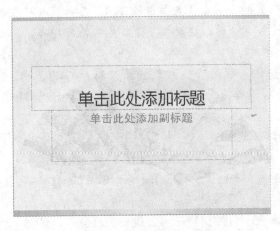

图 3-1-3 应用设计模板

（3）单击"格式"菜单，选择"幻灯片版式"，在右边"幻灯片版式"任务窗格中，选择"标题和文本"版式，在幻灯片窗口中调整标题和文本占位符的大小和位置，输入第1张幻灯片的内容，如图3-1-4所示。

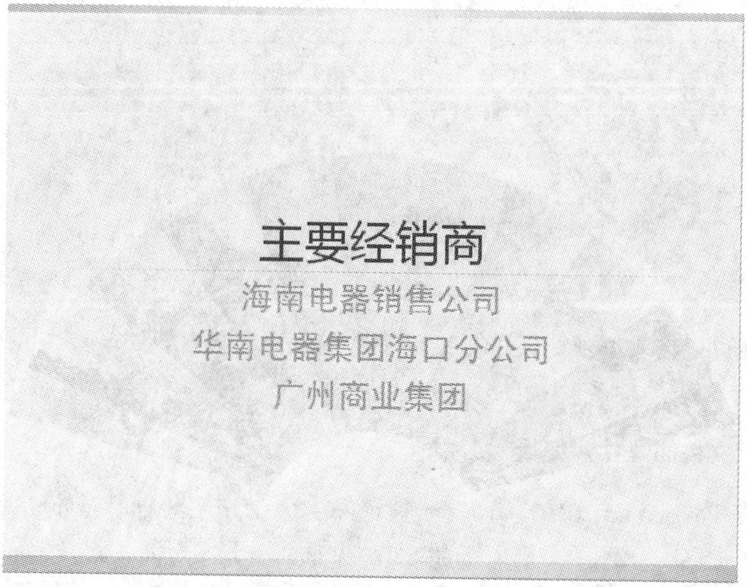

主要经销商

海南电器销售公司
华南电器集团海口分公司
广州商业集团

图3-1-4　在第1张幻灯片中输入文字

※**提示：**占位符改变大小的方法是，点击占位符，当占位符四周出现八个控制点，将鼠标移至其中一个控制点上，鼠标变成双向箭头，这时按下鼠标左键拖动即可。占位符改变位置的方法是，点击占位符，然后将鼠标移至占位符周围的边框处，当鼠标变成十字箭头时，这时按下鼠标左键拖动即可。

（4）插入艺术字标题。点击"插入"→"文本"→"艺术字"，在弹出的"艺术字库"对话框中，选择第5行、第3列的样式，单击"确定"按钮，如图3-1-5所示。

（5）在弹出"编辑'艺术字'文字"对话框中，输入会议文字标题"华信集团新产品发布会"，单击"确定"按钮，如图3-1-6所示。

（6）调整艺术字的大小和位置，完成第1张幻灯片的制作，效果如图3-1-7所示。

（7）复制幻灯片。在幻灯片窗格中，右键单击已制作好的第1张幻灯片，在弹出的快捷菜单中，选择"复制"命令，如图3-1-8所示，然后，在大纲窗格中的空白处单击右键，在弹出的快捷菜单中，选择"粘贴"命令，对第1张幻灯片进行复制。

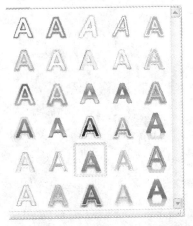

图 3－1－5　"艺术字库"对话框

图 3－1－6　"编辑'艺术字'文字"对话框

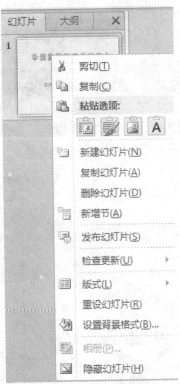

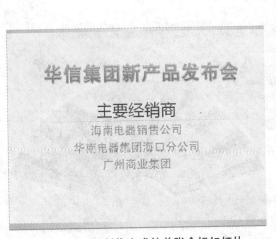

图 3－1－7　制作完成的首张会标幻灯片

图 3－1－8　复制第1张幻灯片

（8）选中复制好的第 2 张幻灯片，修改里面文字的内容，如图 3－1－9 所示。

（9）重复步骤（7）～（8），完成如图 3－1－10 所示的第 3 张幻灯片的制作。

图 3－1－9　第 2 张幻灯片　　　　　　图 3－1－10　第 3 张幻灯片

三、设置幻灯片放映效果

（1）设置幻灯片切换效果。执行"幻灯片放映"→"幻灯片切换"命令，在"幻灯片切换"任务窗格"换片方式"下，单击"每隔"前面的复选框，选中该项，设置时间间隔为 2 秒，并单击"应用于所有幻灯片"按钮，如图 3－1－11 所示。

（2）执行"幻灯片放映"→"设置放映方式"命令，弹出"设置放映方式"对话框，选择"放映选项"中的"循环放映，按 Esc 键终止"前面的复选框，选中该项，如图 3－1－12 所示，单击"确定"按钮。

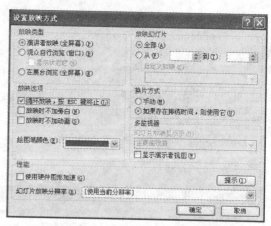

图 3－1－11　设置幻灯片切换　　　　图 3－1－12　"设置放映方式"对话框

四、演示文稿的放映

在演示文稿的编辑过程中，可通过演示文稿的放映，全屏观看最终的效果。演示文稿放映的方法是：执行"开始放映幻灯片"→"从当前幻灯片开始"命令，也可使用快捷键 F5，在放映过程中，若想停止放映，可按键盘上的 Esc 键。

※提示：上面的放映方法是从第 1 张幻灯片开始放映，在视图切换按钮处，有一个"从当前幻灯片开始"的按钮，如图 3 - 1 - 13 所示，请注意两种放映方式的区别。

图 3 - 1 - 13　视图切换按钮

※提示：视图切换按钮从左到右依次是"普通视图"、"幻灯片浏览视图"、"从当前幻灯片开始"，用鼠标单击相应按钮可进行视图切换。一般使用普通视图对幻灯片进行编辑，通过幻灯片浏览视图，可看到演示文稿中所有幻灯片的缩略图，并可快速进行浏览、移动、复制、删除幻灯片等操作，如图 3 - 1 - 14 所示。

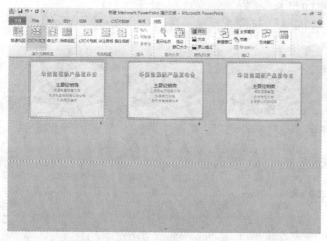

图 3 - 1 - 14　幻灯片浏览视图

五、演示文稿的保存

在演示文稿制作完成后，需要将该演示文稿保存起来。执行"文件"→"另存为"命令，弹出"另存为"对话框。在该对话框中，选择保存的路径，输入保存的文件名"会标"，默认的保存类型是"演示文稿"类型，文件扩展名为.ppt，如图3-1-15所示，单击"保存"按钮即可完成演示文稿的保存操作。

图 3 - 1 - 15　"另存为"对话框

※提示：PowerPoint 通常使用以下几种文件类型：

（1）扩展名为.ppt，常规演示文稿，是 PowerPoint 使用的默认文件，一般情况下都使用这种类型。

（2）扩展名为.pps，打开时始终以"幻灯片放映"模式显示的演示文稿文件。

（3）扩展名为.pot，PowerPoint 模板文件，可使用 PowerPoint 提供的模板文件，也可自己设计制作模板文件。

 任务小结

本例通过制作会议会标，了解 PowerPoint 2010 的功能以及工作界面，掌握 PowerPoint 中的一些基本操作，如新建、打开、保存、输入文字等，还练习了幻灯片切换、幻灯片放映的操作，这些操作需要多加练习才能熟练掌握。经过后续内容的学习，还能把该例中的演示文稿修饰得更丰富、美观。

上机实训 制作主题班会会标

设计并制作一个主题班会会标的演示文稿。要求：自行拟定文字会标的内容，会议议程安排，用多张幻灯片显示，选用合适的设计模板，且在放映时循环播放。

任务二 贺卡的制作

 任务说明

　　某公司在春节前召开年会，公司的每位员工都将出席。公关部计划在会议开始前员工入席的时候，通过大屏幕放映由 PowerPoint 2010 制作的电子贺卡，向全体员工表达真诚的祝福。贺卡要体现春节红红火火、喜庆的气氛，且新的一年是农历羊年，故贺卡中配上与羊有关的图片。

 学习目标

➢掌握在幻灯片中设置背景的方法。
➢掌握在幻灯片中插入图片、图形、剪贴画的方法。
➢掌握自定义动画的方法。

 知识要点

➢设置背景。
➢插入图片、图形、剪贴画。
➢自定义动画。
➢设置幻灯片切换效果。
➢设置放映方式。

 任务实施

一、创建幻灯片并设置背景

　　（1）打开 PowerPoint 2010，软件自动新建一个演示文稿，并添加一张新幻灯

片，执行"幻灯片"→"版式"命令，在任务窗格中选择"空白"版式，将第1 张幻灯片的版式改为空白。

（2）在幻灯片中插入 3 个文本框，方法是：执行"插入"→"文本框"→"水平"命令，在幻灯片中拖动鼠标，插入文本框，并输入文字。选中文本框，设置文本框中文字的字体为华文行楷，字号为 44，字体颜色自选，如图 3－2－1 所示。

图 3－2－1　第 1 张幻灯片的文字内容

（3）单击鼠标右键→"设置背景格式"命令，弹出如图 3－2－2 所示的"设置背景格式"对话框，在下拉列表框中选择"填充效果"命令。

 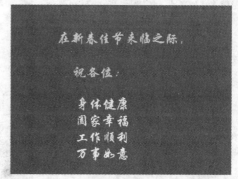

图 3－2－2　"设置背景格式"对话框　　**图 3－2－3　"填充效果"对话框**

（4）背景色设置为红色，如图 3－2－3 所示，单击"确定"按钮。

（5）返回到图 3－2－2 的"设置背景格式"对话框，单击"应用"按钮，将所设置的背景应用于当前幻灯片。

二、在幻灯片中插入图片、剪贴画

执行"插入"→"图片"→"剪贴画"命令，出现"剪贴画"任务窗格，在"搜索文字"中输入"羊"，单击"搜索"按钮，如图3－2－4所示，在搜索结果中，任选一张插入到幻灯片中。

三、在幻灯片中加入自定义动画

为了使贺卡在放映时取得动画效果，对幻灯片中的各种对象可以进行自定义动画设置。

（1）执行"幻灯片放映"→"自定义动画"命令，出现"自定义动画"任务窗格。

（2）选中包含"在新春……"文字的文本框，执行任务窗格中的"添加效果"→"进入"命令，选择"空翻"效果，如图3－2－5所示。

图3－2－4　"剪贴画"任务窗格

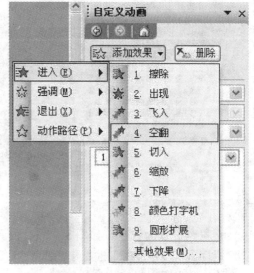

图3－2－5　定义动画效果

※**提示**：若在任务窗格中的"添加效果"→"进入"菜单下面找不到想要的效果，可单击"其他效果"选项，从弹出的"添加进入效果"对话框中选择更多的效果。

（3）选中之前插入进来的有关羊的剪贴画，执行任务窗格中的"添加效果"→"进入"命令，选择"出现"效果。

（4）选中公司标志，执行任务窗格中的"添加效果"→"进入"命令，选择"缩放"效果。

（5）选中"祝各位："文本框，执行任务窗格中的"添加效果"→"进入"命令，选择"下降"效果。

（6）选中含有"身体健康……"的文本框，执行任务窗格中的"添加效果"→"进入"命令，选择"切入"效果，并在任务窗格"方向"下拉列表框中，选择"自右侧"，设置后如图3－2－6所示。

图3－2－6　设置了动画的第1张幻灯片

任务小结

本例通过制作电子贺卡，练习了在幻灯片中设置背景、插入图形图像以及自

定义动画等操作。其中的重点是自定义动画的设置，要多尝试多练习，了解并熟悉各种动画效果，设置了动画效果，你的幻灯片就会变得更加漂亮。

上机实训　制作电子贺卡

给父母、同学、朋友、老师等人制作一组别具一格的贺卡。要求：可从网上收集资料及素材；至少要有 5 张幻灯片；贺卡要含有贺词、图片、艺术字等；含有各种动画效果、背景、图片等；能循环播放。

任务三　新歌发布

 任务说明

　　某集团要在新歌发布会上，发布一首歌曲。为了能全面地介绍这首歌曲，公司为这次的发布会提供了这首歌的文字、音频、视频、动画等素材。集团的公关部决定利用这些素材，制作一个包含声音、图像、动画、MTV 等因素的多媒体演示文稿在会上播放，向与会人员展示这首歌曲。

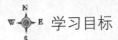 学习目标

➢ 掌握幻灯片母版的操作。
➢ 掌握在幻灯片中插入声音、影片的方法。
➢ 掌握在幻灯片中插入 Flash 动画的方法。
➢ 了解常用的幻灯片放映技巧。

 知识要点

➢ 幻灯片母版。
➢ 插入声音。
➢ 插入影片。
➢ 插入动画。
➢ 放映技巧。

 任务实施

一、设计幻灯片母版

　　（1）启动 PowerPoint 2010，新建一演示文稿。执行"视图"→"母版视

图"→"幻灯片母版"命令，如图 3 - 3 - 1 所示。

图 3 - 3 - 1　打开"幻灯片母版"

（2）进入"幻灯片母版"，如图 3 - 3 - 2 所示。

图 3 - 3 - 2　幻灯片母版

※提示：母版是一张特殊的幻灯片，在其中可以定义整个演示文稿幻灯片的格式，控制演示文稿的整体外观。幻灯片母版是最常用的母版，它控制了某些文本特征（如字体、字号和颜色），还控制了背景色和某些特殊效果，如阴影和项目符号样式等。

PowerPoint 中共有 4 种母版：幻灯片母版、标题母版、备注母版和讲义母版。其中，标题母版仅影响"标题幻灯片"版式的幻灯片，对其他幻灯片没有影响；使用备注和讲义母版可以统一备注与讲义的版式。

如果要修改多张幻灯片的外观，不必对每张幻灯片进行修改，而只需在幻灯片母版上做一次修改即可。PowerPoint 2010 将自动更新已有的幻灯片，并对以后新添加的幻灯片应用这些更改。

如果要更改文本格式的，可选择占位符中的文本并做更改。占位符是一种带有虚线或阴影线边缘的框，绝大部分幻灯片版式中都有这种框，在这些框内可以放置标题及正文，或者是图表、表格和图片等对象。由于对幻灯片母版上文本格式的修改会影响标题母版，所以应该在改变标题母版之前先对幻灯片母版进行设置。

（3）执行"插入"→"图片"→"来自文件"命令，从素材文件夹中，插入文件名为"任务三背景图.jpg"的图片，调整该图片的大小和位置，让图片布满整张幻灯片。选中该图片，选择"图片工具"→"格式"→"颜色"→"颜色饱和度"设为33％。执行"绘图工具"→"格式"→"排列"→"置于底层"命令，效果如图3-3-3所示。

（4）执行"插入"→"图片"命令，插入一张标题母版。

（5）选中"幻灯片母版"。从素材文件夹中插入名为"任务三背景图2.jpg"的图片，调整其大小和位置，如图3-3-4所示。

图3-3-3　在幻灯片母版中插入背景图片

图3-3-4　编辑幻灯片母版

（6）单击如图3-3-5所示的"幻灯片母版视图"工具栏上的"关闭母版视图"按钮，回到幻灯片的剪辑状态。

图3-3-5　"幻灯片母版视图"工具栏

二、修改配色方案、输入文字

（1）在标题处输入文字"《北京欢迎你》歌曲发布会"和"华信集团"。

（2）选中文字，将文字颜色设置为黄色，如图3-3-6所示。

图 3 - 3 - 6　标题幻灯片

三、插入音频、视频

（1）在第 2 张幻灯片中执行"插入"→"音频"命令，选择文件中的《北京欢迎你》歌曲插入即可，插入后，效果如图 3 - 3 - 7 所示。

图 3 - 3 - 7　插入音频文件

（2）执行"插入"→"视频"→"来自网站的视频"命令，单击"确定"按钮。弹出如图3-3-8所示的对话框，把网站上的嵌入代码复制到此即可。

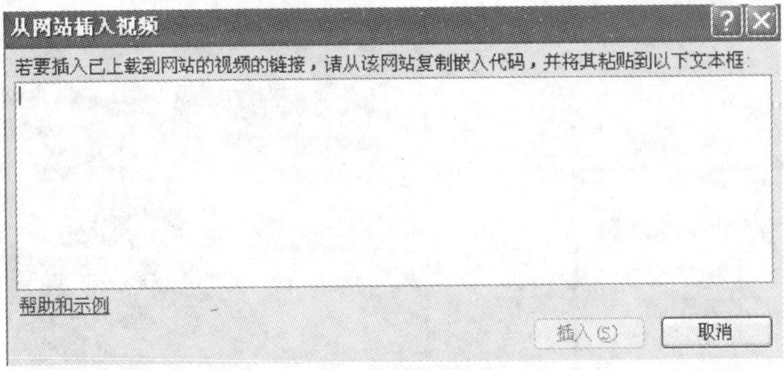

图3-3-8 插入声音时弹出的对话框

（3）插入视频后，页面显示效果如图3-3-9所示。

图3-3-9 插入视频文件

四、放映技巧

（1）执行"幻灯片放映"→"从头开始"命令。

（2）按F5键，观看放映效果。在放映时，单击鼠标右键，可弹出控制放映的快捷菜单，如图3-3-10所示。

（3）在该快捷菜单中，可以快速定位幻灯片，可以使用画笔在屏幕上勾画，也可以结束放映。在放映过程中，按 F1 功能键，可以将全部快捷键显示在屏幕上，如图 3 - 3 - 11 所示。

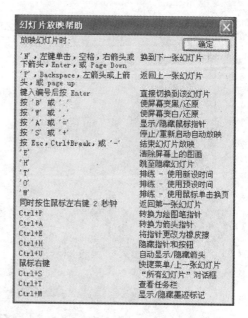

图 3 - 3 - 10　幻灯片放映时单击右键
　　　　　　弹出的快捷菜单

图 3 - 3 - 11　幻灯片放映帮助

（4）放映结束，以"歌曲发布 . ppt"为文件名保存该演示文稿。

 任务小结

本例通过制作新歌展示的演示文稿，练习了幻灯片母版以及在幻灯片中插入音频、视频、动画等操作，还了解了幻灯片放映的一些技巧。在制作幻灯片时经常要用到母版，用母版可以极大地方便对幻灯片进行编辑。在幻灯片中加入音频、视频等多媒体信息，可使幻灯片更加丰富多彩，更加吸引观众的注意。

上机实训　校园生活展示

制作一个介绍校园生活的演示文稿，可上网收集相关的素材，要求包含图片、音乐、影片、动画等素材。

任务四　主题报告的制作

 任务说明

在某一产品推介会上，将由某公司销售部做产品的主题报告，向全体销售商全面介绍一种产品——小米手机4。销售部希望将主题报告的主要内容简洁地制作成演示文稿，在推介会上使用。要求演示文稿在放映时能根据报告内容自由切换，以增强报告的吸引力和说服力。在推介会上，由于要给各个销售商发放资料，故需要将演示文稿打印出来。

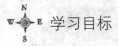 学习目标

➤ 掌握在幻灯片中插入表格的方法。
➤ 掌握超链接的操作。
➤ 掌握动作设置的方法。
➤ 熟悉演示文稿打印的设置。
➤ 了解演示文稿打包的方法。

 知识要点

➤ 插入表格。
➤ 插入超链接。
➤ 动作设置。
➤ 打印设置。
➤ 打包成 CD。
➤ 创建视频文件。

➢广播幻灯片。

 任务实施

一、创建文稿

（1）启动 PowerPoint 2010，执行"设计"→"主题"命令，从"主题"任务窗格中，应用"波形"设计模板。

（2）在第1张标题幻灯片中，添加如图3-4-1所示的标题和副标题。

（3）按组合键 Ctrl + M，插入一张新幻灯片，执行"插入"→"图片"→"来自文件"命令，从素材文件夹中选择"任务四手机.jpg"图片插入进来，调整图片的大小和位置，并输入文字，如图3-4-2所示。

图3-4-1　第1张幻灯片

图3-4-2　第2张幻灯片

二、建立幻灯片及插入表格

（1）插入1张新幻灯片，执行"格式"→"幻灯片版式"命令，从"幻灯片版式"任务窗格中，选择"标题和内容"版式，幻灯片如图3-4-3所示。

（2）单击"插入表格"按钮，弹出如图3-4-4所示的"插入表格"对话框，分别输入2列、6行，单击"确定"按钮。

（3）打开素材文件夹中的"PPT任务四资料.docx"文件，将里面的资料输入到幻灯片的表格中，并调整表格的大小、位置以及表格中文字的格式，如图3-4-5所示。

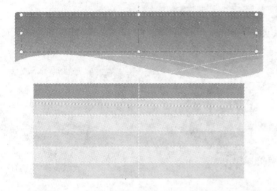

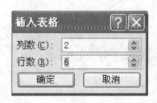

图3-4-3　选择"标题和内容"版式　　　图3-4-4　"插入表格"对话框

图3-4-5　第3张幻灯片

（4）再新建3张幻灯片，从素材文件夹插入图片，从"任务四文字介绍"文件中输入文字，调整图片和占位符的大小和位置，如图3-4-6~图3-4-8所示。

图3-4-6　第4张幻灯片

图 3 - 4 - 7　第 5 张幻灯片

图 3 - 4 - 8　第 6 张幻灯片

三、建立超级链接

（1）定位到第 3 张幻灯片，选中"基本参数"这几个字，执行"插入"→"超链接"命令（快捷键为 Ctrl + K），弹出"编辑超链接"对话框，在"链接到"栏里，选择"本文档中的位置"一项，如图 3 - 4 - 9 所示。

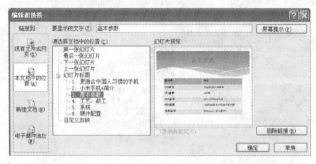

图 3 - 4 - 9　"编辑超链接"对话框链接到本文档

（2）在"请选择文档中的位置"列表框中，选择"3. 基本参数"，即将"基本参数"这几个字链接到第 3 张标题为"基本参数"的幻灯片，单击"确定"按钮，创建了一个超链接。

（3）以同样的方法，将第 2 张幻灯片中的"基本参数"、"工艺、做工"、"系统"、"硬件配置"几个词，分别链接到与文字相对应的幻灯片上。

四、打印设置

（1）执行"文件"→"页面设置"命令，弹出"页面设置"对话框，从"幻灯片大小"的下拉列表框中选择"A4 纸张"，如图 3 - 4 - 10 所示。

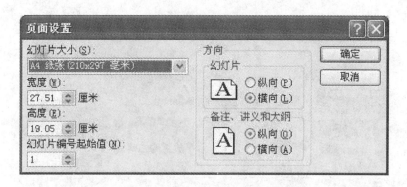

图 3 - 4 - 10 "页面设置"对话框

（2）执行"文件"→"打印"→"设置"命令，从工具栏上"打印内容"下拉列表框中，选择"4 张水平放置的幻灯片"，并单击"横向"按钮将纸张方向设置为横向，如图 3 - 4 - 11 所示。

（3）单击"打印"按钮，弹出"打印"对话框，若连接好打印机，这时单击"确定"按钮即可将演示文稿全部打印出来。

（4）单击"关闭预览"按钮，回到幻灯片编辑状态，执行"文件"→"保存"命令，以"主题报告. ppt"为文件名保存。

五、将演示文稿打包

执行"文件"→"保存并发送"→"打包成 CD"命令，弹出"将演示文稿打包成 CD"对话框，如图 3 - 4 - 12 所示。

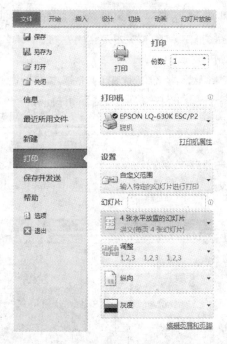

图 3 - 4 - 11   设置为 4 张水平放置的幻灯片

图 3 - 4 - 12   "打包成 CD"对话框

六、将演示文稿创建为视频文件

在 PowerPoint 2010 中新增了将演示文稿转变成视频文件功能，可以将当前演示文稿创建为一个全保真的视频，此视频可能会通过光盘、Web 或电子邮件分发。创建的视频中包含所有录制的计时、旁白和激光笔势，还包括幻灯片放映中未隐藏的所有幻灯片，并且保留动画、转换和媒体等。

将演示文稿创建为视频文件的具体操作步骤如下：

（1）打开要打包的演示文稿。

（2）选择"文件"选项卡，在弹出的菜单中单击"保存并发送"命令，然后选择"文件类型"下面的"创建视频"选项，如图 3 – 4 – 13 所示。

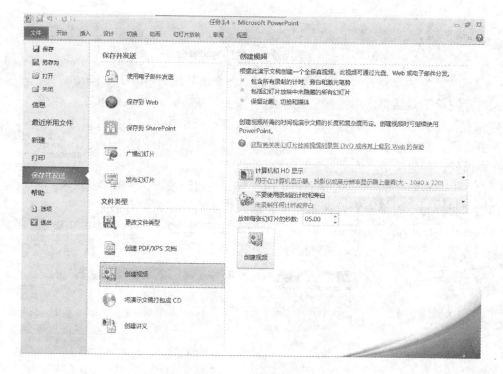

图 3 – 4 – 13 　"创建视频"按钮

（3）在右侧的"创建视频"选项下，单击"计算机和 HD 显示"选项，在弹出的下拉列表中选择视频文件的分辨率，如图 3 – 4 – 14 所示。单击"不要使用录制的计时和旁白"下拉列表，可选择是否在视频文件中使用录制的计时和旁白，如图 3 – 4 – 15 所示。

图 3 - 4 - 14　选择视频文件的分辨率

图 3 - 4 - 15　选择是否使用计时和旁白

（4）若选择"录制计时和旁白"命令，则会弹出如图 3 - 4 - 16 所示的"录制幻灯片演示"对话框。单击"开始录制"按钮，进入幻灯片放映状态，并弹出"录制"工具栏，与前面介绍的录制幻灯片演示操作相同。用户可以进行幻灯片的切换，在"录制"工具栏中会显示当前幻灯片放映时间及整个演示文稿的放映时间，并记录用户使用激光笔的情况。

（5）当完成幻灯片演示录制后，再单击"创建视频"按钮，弹出如图3 - 4 - 17所示的"另存为"对话框，设置保存位置及文件名后，单击"保存"按钮。此时，PowerPoint 演示文稿的状态栏中会显示演示文稿创建为视频的进度，当完成视频制作后，只要双击创建的视频文件，即可开始播放演示文稿。

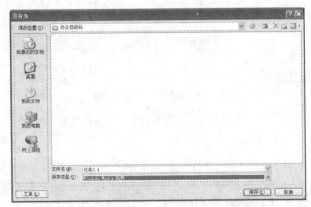

图 3 - 4 - 17　"另存为"对话框

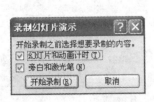

图 3 - 4 - 16　"录制幻灯片演示"对话框

七、广播幻灯片

广播幻灯片是 PowerPoint 2010 新增的一项功能，它用于向可以在 Web 浏览器中观看的远程用户广播幻灯片。远程用户不需要安装程序，并且在播放时，用户可以完全控制幻灯片的进度，只需要在浏览器中跟随浏览即可。

广播幻灯片的具体操作步骤如下：

（1）打开要打包的演示文稿。

（2）选择"文件"选项卡，在弹出的菜单中单击"保存并发送"命令，然后选择"保存并发送"下面的"广播幻灯片"选项，如图 3-4-18 所示。

（3）单击中间的"广播幻灯片"按钮，弹出"广播幻灯片"对话框，如图 3-4-19 所示。

图 3-4-18 广播幻灯片

图 3-4-19 "广播幻灯片"对话框

单击"启动广播"按钮，自动进入正在连接到 PowerPoint 广播服务进度界面，如图 3-4-20 所示。

图3－4－20　正在连接到　　　　　　图3－4－21　"连接到"对话框
PowerPoint 广播服务

　　然后弹出如图3－4－21所示的"连接到"对话框，填写相应信息后，单击"确定"按钮，返回"广播幻灯片"对话框，显示正在连接到 PowerPoint 广播服务的进度。连接完成后，在"广播幻灯片"对话框中显示远程用户共享的链接，可复制链接，将其发给远程用户，单击"开始放映幻灯片"按钮，进入幻灯片放映。如果远程用户在 IE 浏览器中复制了链接地址，即可开始观看幻灯片。

 任务小结

　　本例通过制作一产品的主题报告，练习了在幻灯片中插入表格、插入超链接、动作设置等操作，了解了打印、打包的设置。在制作演示文稿时，加入表格、图表等对象，可以使演示文稿更清晰明了。使用超链接和动作按钮可以实现在不同的幻灯片之间的跳转，要熟练掌握。在日常使用中，也经常需要打印、打包演示文稿，对此要有所了解。

上机实训　制作教学课件

　　请帮助一位老师制作一个一节课的教学课件演示文稿。要求：演示文稿中要有图片、超链接、动作、动作按钮、幻灯片切换等。可以参照课本收集素材。

第四部分

Internet 应用

任务一 Internet 的基础知识

 任务说明

本任务主要介绍 Internet 基础知识、域名系统的基础知识和常见的接入方法。

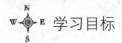 学习目标

➢ 掌握 Internet 基础知识。
➢ 掌握域名系统的基础知识。
➢ 了解 Internet 的主要服务。
➢ 掌握 Internet 常用接入方式。

 知识要点

➢ Internet 基础知识。
➢ 域名系统的基础知识。
➢ Internet 的主要服务。
➢ Internet 常用接入方式。

 任务实施

一、Internet 的产生与发展

虽然目前 Internet 已经迅速进入人们的日常生活中，但初次接触 Internet 的用户可能还是对 Internet 产生了很多疑问。大量的专业术语、各种新兴的词汇与技

术增加了 Internet 的神秘感。所以在学习 Internet 之前，用户有必要了解一些 Internet 的基本知识。

Internet 从 20 世纪 60 年代诞生以来，经历了 ARPAnet 的诞生、NSFnet 的建立、美国国内互联网的形成，以及 Internet 在全世界的形成和发展等阶段。

20 世纪 50 年代，美国在半自动地面防空系统 SAGE 上进行了计算机技术与通信技术相结合的尝试。通过总长度为 240 多万公里的通信线路，将计算机与远方的终端连接起来。在通信软件的控制下，各个用户在各自的终端上分时轮流使用中央计算机系统的资源对数据进行处理。然后，再将处理结果直接送回到终端，这就形成了具有通信功能的终端→计算机网络系统。它首次实现了计算机技术与通信技术的结合，是计算机网络发展的初期阶段。从通信的角度看，这种系统只是一种计算机数据通信系统。

随着计算机应用的发展，出现了多台计算机互联的需求。20 世纪 60 年代中期发展了由若干台计算机互联起来的系统，该系统利用高速通信线路将多台地理位置不同，并且具有独立功能的计算机连接起来，开始了计算机与计算机之间的通信。美国国防部高级研究计划署网络 ARPAnet 的诞生成为这个阶段的里程碑。通常，人们认为它就是 Internet 的起源。

由于 ARPAnet 的成功，美国国家科学基金会 NSF（National Science Foundation）决定资助建立计算机科学技术网（NAFnet），该项目也得到美国国防部高级研究计划署 ARPA（Avdanced Research Projects Agency）的资助。NSF 把美国五大超级计算机中心利用通信干线连接起来，组成了全国范围的科学技术网（NSFnet），成为美国 Internet 的第二个主干网。该网络由美国 13 个主干结点构成，主干结点向下连接各个地区网，再连到各个大学的校园区域网，采用 TCP/IP 作为统一的通信协议标准，传输速率由 56Kbit/s 提高到 1.544Mbit/s。它成为美国 Internet 的最主要成员网络之一。

20 世纪 80 年代以来，Internet 在美国获得迅速发展和巨大成功，世界各工业化国家以及一些发展中国家都纷纷加入 Internet 的行列，使 Internet 成为全球性的网络。

由于 Internet 的开放性以及它具有的信息资源共享和交流能力，它从形成之日起，便吸引了广大的用户。随着用户的急剧增加，Internet 的规模迅速扩大。它的应用领域走向多样化，除了科技和教育外，很快进入文化、政治、经济、新闻、体育、娱乐、商业以及服务行业。1992 年 Internet 协会成立，此时，Internet 联机数目已经突破 100 万台。

目前，全世界有 100 多个国家和地区连入 Internet，在 Internet 上连入数万个网络和上千万台计算机，网上用户以每月 10% ~ 50% 的速度递增。2000 年初，

Internet 上的用户已超过 3 亿。

　　Internet 在中国的发展可以追溯到 1986 年。当时，中国科学院一些科研单位通过长途电话拨号到一些欧洲国家，进行国际联机数据库检索，这是我国使用Internet 的开始。1990 年，中国科学院高能物理研究所、北京计算机应用研究所、信息产业部华北计算所、石家庄 54 所等单位，先后将自己的计算机与中国公用分组交换数据库 CNPAC（X. 25）相连接。利用欧洲国家的计算机作为网关，在X. 25 网与 Internet 之间进行转接，实现了中国 CNPAC 科技用户与 Internet 用户之间的电子邮件（E - mail）通信。

　　1993 年 3 月，中科院高能所为了支持国外科学家使用北京正负电子对撞机做高能物理实验，开通了一条 64Kbit/s 国际数据信道，高能所与美国斯坦福线性加速器中心连接起来。

　　1994 年 4 月，中科院计算机网络信息中心正式接入 Internet。该网络信息中心于 1990 年开始，主持一项世界银行贷款和国家科委共同投资项目——"中国国家计算机与网络设施"，在北京中关村地区建设一个超级计算机中心，为了便于各单位使用超级计算机，将中关村地区的三十多个研究所以及北京大学、清华大学两所高校，全部用光缆连在一起。1994 年 4 月，64Kbit/s 国际线路连到美国，开通路由器，正式接入 Internet。自 1994 年初我国正式加入 Internet，成为Internet 的第 71 个成员单位以来，我国入网用户数量增长很快。

　　目前，我国已初步建成国内互联网，中国公用计算机互联网（Chinanet）、中国教育与科研计算机网（CERnet）、中国科学技术计算机网（CSTnet）、中国金桥互联网（ChinaGBN）是骨干网络，通过这四个主干网，与国内几百个科研机构、1000 多所高等院校、几万个大中型企业、400 多个中心城市以及国家几十个部门的专用计算机网络实现互联。1997 年 4 月开始，ChinaGBN 与 CERnet 和CSTnet 之间已经完全彼此互联，解决了以往国内互联网之间的国内信息交换需要在国外进行的问题，不仅节省了占用价格昂贵的国际信道时间，而且降低了网络运营成本。同时，进一步实现了 ChinaGBN 与 Chinanet 之间的互联。这些网络之间互联可以享用快速的国内信息交换通道。

二、IP 协议、TCP 协议与 UDP 协议

（一）IP 协议

　　IP（Internet Protocol）协议直译过来就是：因特网协议。从这个名称我们就可以知道 IP 协议的重要性。在现实生活中，我们进行货物运输时都是把货物分装到一个个的纸箱或者是集装箱之后才进行运输，在网络世界中各种信息也是通过类似的方式进行传输的。IP 协议规定了数据传输时的基本单元和格式。如果比

作货物运输，IP 协议规定了货物打包时的包装箱尺寸和包装的程序。除了这些以外，IP 协议还定义了数据包的递交办法和路由选择。同样用货物运输比喻，IP 协议规定了货物的运输方法和运输路线。

1. IP 地址

在网络中，我们经常会遇到 IP 地址这个概念，这也是网络中的一个重要的概念。所谓 IP 地址就是给每个连接在 Internet 上的主机分配一个在全世界范围唯一的 32 位地址。IP 地址的结构使我们可以在 Internet 上很方便地寻址。IP 地址通常用以圆点分隔的 4 个十进制数字表示，每一个对应于 8 位二进制的比特串，如某一台主机的 IP 地址为：192. 168. 4. 31。

Internet IP 地址由 Inter NIC（Internet 网络信息中心）统一负责全球地址的规划、管理；同时由 Inter NIC、APNIC、RIPE 三大网络信息中心具体负责美国及其他地区的 IP 地址分配。通常每个国家需成立一个组织，统一向有关国际组织申请 IP 地址，然后再分配给客户。

2. 子网地址与子网掩码

为了提高 IP 地址的使用效率，可再对一个网络划分出子网：采用借位的方式，从主机位最高位开始借位变为新的子网位。所剩余的部分则仍为主机位。这使得 IP 地址的结构分为 3 部分：网络位、子网位和主机位。

引入子网概念后，网络位加上子网位才能在全局唯一地标识一个网络。把所有的网络位用 1 来标识，主机位用 0 来标识，就得到了子网掩码。子网掩码使得 IP 地址具有一定的内部层次结构，这种层次结构便于 IP 地址分配和管理。

（二）TCP 协议

尽管计算机通过安装 IP 软件，从而保证了计算机之间可以发送和接收数据，但 IP 协议还不能解决数据分组在传输过程中出现的问题。因此若要解决可能出现的问题，连上 Internet 的计算机还需要安装 TCP 协议来提供可靠的并且无差错的通信服务。

TCP 协议被称作一种端对端协议。这是因为它为两台计算机之间的连接起了重要作用：当一台计算机与另一台远程计算机连接时，TCP 协议会让它们建立一个连接、发送和接收数据以及终止连接。

TCP 协议利用重发技术和拥塞控制机制，向应用程序提供可靠的通信连接，使它能自动适应网上的各种变化。即使在 Internet 暂时出现堵塞的情况下，TCP 也能够保证通信的可靠性。

众所周知，Internet 是一个庞大的国际性网络，网络上的拥挤和空闲时间总是交替不定的，加上传送的距离也远近不同，所以数据传送所用时间也变化不定。TCP 协议具有自动调整"超时值"的功能，能很好地适应 Internet 上各种各样的变化，确保传输数据的正确。

因此，从上面我们可以了解到：IP 协议只保证计算机能发送和接收分组数据，而 TCP 协议可提供一个可靠的、可控的、全双工的信息流传输服务。

综上所述，虽然 IP 和 TCP 这两个协议的功能不尽相同，也可以分开单独使用，但它们是在同一时期作为一个协议来设计的，并且在功能上也是互补的。只有两者的结合，才能保证 Internet 在复杂的环境下正常运行。凡是要连接到 Internet 的计算机，都必须同时安装和使用这两个协议，因此在实际中常把这两个协议统称为 TCP/IP 协议。

（三）UDP 协议

用户数据报协议（User Datagram Protocol，UDP），即 UDP 协议，是一个无连接无状态协议。它是为小的传输和不需要可靠传输的机制而设计的，主要特点如下：

1. 非可靠的和无连接的

UDP 是一个非可靠的和无连接的协议。UDP 的包可能丢失，重复或不按顺序发送。对于可靠性和流控制来说，应用程序使用 UDP 是可靠的。在定义源和目标端口号时，UDP 可以使用应用程序直接访问网络层。

2. 非确认的

UDP 不需要接收主机来确认传输。因此，UDP 是非常高效的。UDP 常被高速应用程序使用。使用 UDP，应用程序接受全部的处理响应，包括信息丢失、重复、错误顺序和连接失败等。

三、域名系统

为了解决用户记忆 IP 地址的困难，因特网提供了一种域名系统 DNS（Domain Name System），为主机分配一个由多个部分组成的域名。

因特网采用层次树状结构的命名方法，使得任何一个连接在因特网上的主机或路由器都可以有一个唯一的层次结构的名称，即域名（Domain Name）。

域名由若干部分组成，各部分之间用圆点"."作为分隔符。它的层次从左到右，逐级升高，其一般格式是：计算机名、组织机构名、二级域名、顶级域名。其中，"计算机名"是连接在因特网上的计算机名称，其他 3 部分的含义如下：

1. 顶级域名

域名地址的最后一部分也称为第一级域名，顶级域名在因特网中是标准化的，并分为 3 种类型：国家顶级域名、国际顶级域名和通用顶级域名。

2. 二级域名

在国家顶级域名注册的二级域名均由该国自行确定。我国将二级域名划分为类别域名和行政区域名。

3. 组织机构名

域名的第 3 部分一般表示主机所属域或单位。

四、Internet 提供的服务

Internet 借助于现代通信手段和计算机技术实现全球信息传递。在 Internet 上，有各种虚拟的图书馆、商店、文化站、学校等，用户可以通过网络方便地获得或传送各种形式的信息，就当前的发展现状而言，Internet 可以提供以下的多种服务。

1. 电子邮件服务

电子邮件服务是 Internet 上使用最广泛的一种服务，是 Internet 最基本的功能之一。它是一种通过计算机网络与其他用户进行联系的现代化通信手段，方便、快捷、价格低廉。通过在一些特定的通信端点上运行相应的软件系统，从而使其充当"邮局"的角色，用户可以在这台计算机上租用一个虚拟的电子信箱，当需要和网络上的其他人通信时，就可以通过电子信箱收发邮件。使用电子邮件的用户都可以通过各自的计算机编辑文件或信件，通过网络送到对方的电子信箱中，而收件人则可以方便地进入 E－Mail 系统读取自己信箱中的文件和信件。发信人在阅读完信件后，可以直接将信件转发给他人。通过电子邮件，既可以传递文字、图片，也可以传递声音、图像。电子邮件是一种极为方便的通信工具。

2. 远程登录服务

远程登录服务用于在网络环境下实现资源的共享。利用远程登录，可以将自己的计算机暂时变成远程计算机的终端，从而直接调用远程计算机的资源和服务。在远程计算机上登录的前提是必须成为该系统的合法用户并拥有相应的 Internet 账户和口令。利用远程登录，用户可以实时使用远程计算机上对外开放的资源。此外用户还可以从自己的计算机上发出命令来运行其他计算机上的软件。Internet 的许多服务都是通过远程登录访问来实现的。

3. 文件传输服务

文件传输服务是 Internet 的传统服务之一，它允许用户将一台计算机上的文件传输到联网的另一台计算机上。这是 Internet 传递文件的主要方法。通过文件传输服务，用户不但可以获取 Internet 上丰富的资源，也可以将自己计算机中的文件复制到其他计算机中。所传输的内容可以是文字信息，也可以是非文字信息

（包括计算机程序、图像、照片、音乐录像等）。此外，文件传输服务还提供登录、目录查询、文件操作及其他会话控制功能。

4. 信息查询功能

在 Internet 上，信息资源非常丰富，因此当用户想要查询一条所需要的信息时，必须要花费相当多的时间和精力。以此为出发点，Internet 提供了能在数台计算机上查找所需信息的工具，在此基础上，又开发出一些功能完善、用户界面良好的信息查询工具，来帮助用户更容易、更方便地获得所需的信息。

5. 信息讨论及发布服务

Internet 有着难以计数的用户。一些志同道合的用户组织到一起，形成一个用户群，组成一些专题讨论小组。讨论涉及内容相当广泛，有计算机、社科、天文、地理、时事、幽默等各种各样的专题。信息讨论和发布服务为人们相互联系、交流信息和观点，提供了理想的场所，用户可以在此阅读他人发布的信息和观点，也可以发布自己的信息和观点。

6. 娱乐与会话服务

通过 Internet 这个巨大的网络系统，用户可以同世界各地的 Internet 用户进行实时通话，通过一些专门的设备，甚至可以传递视频和声音。此外，还可以参与各种游戏和娱乐，如网上棋牌大战、通过网络观看影片等。

五、Internet 的接入方式

在使用 Internet 之前，用户必须建立 Internet 连接，即将自己的计算机同 Internet 连接起来，否则就无法进入 Internet 获取网络上的信息。目前，我国主要的上网接入方式包括调制解调器、ADSL Modem、小区宽带以及局域网共享等。下面分别介绍各种接入方式的安装配置等问题。

（一）使用调制解调器

调制解调器又称为 Modem，是一种将数字信息转换成模拟信息的设备，转换后的模拟信息可以在普通的电话线上进行传输。

1. 选择 Modem

调制解调器一般分为两种类型：一种为外置式，使用时放在电脑机箱的外面，需要另外加电源适配器。这种调制解调器的优点是质量较好，抗干扰性强，可以方便地移动，缺点是价格较贵。

另外一种为内置式，实际上就是一块电路卡，其优点是价格比较便宜，不需要另外的电源，缺点是抗干扰性差一些。用户可以根据自己的实际情况选择适合自己的调制解调器。

2. 安装 Modem

安装 Modem 分为硬件及驱动安装和建立拨号连接两部分。为了方便用户使用 Modem 上网，我们分别介绍一下各部分的具体步骤（以下内容我们都是在 Windows XP 操作系统下进行）。

在安装调制解调器的驱动程序之前，首先需要将调制解调器与计算机及电话网、电话机连接起来。用户需要注意的是，对于外置式调制解调器，安装它的驱动程序时，用户应该先打开调制解调器的电源开关，然后再启动计算机。

例：在 Windows XP 下，安装标准 1200bps 调制解调器。

（1）打开调制解调器的电源、开关，然后启动 Windows 操作系统。

（2）选择"开始"→"设置"→"控制面板"命令，打开如图 4 - 1 - 1 所示的"控制面板"窗口。

图 4 -1 -1　控制面板

（3）在"控制面板"窗口中双击"电话和调制解调器选项"图标，打开"电话和调制解调器选项"对话框。如图 4 - 1 - 2 所示。

（4）单击"添加"按钮，打开"安装新调制解调器选项"对话框，如图 4 - 1 - 3 所示，并选中"不要检测我的调制解调器，我将从列表中选择"复选框。

（5）单击"下一步"按钮，打开如图 4 - 1 - 4 所示的窗口，列表中没有包含标准 200pbs 调制解调器。

（6）单击"完成"按钮，即可显示刚刚成功安装的调制解调器，如图 4 - 1 - 5 所示。

图 4 - 1 - 2 "电话和调制
解调器选项"对话框

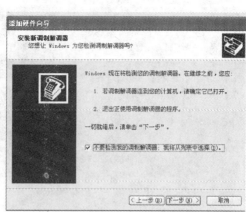

图 4 - 1 - 3 "安装新调制
解调器选项"对话框

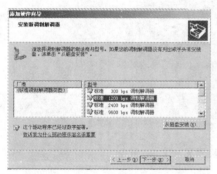

图 4 - 1 - 4 选择调制解调器

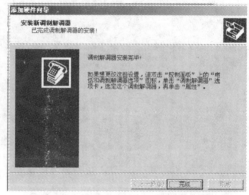

图 4 - 1 - 5 成功安装调制解调器

3. 建立拨号连接

调制解调器安装好后，如果要装入 Internet，还需要建立拨号连接。建立拨号连接时，用户必须有一个由 ISP 提供商提供的服务器代码、账户名和账户密码。

例：通过 163 账号，建立拨号连接。

（1）选择"开始"→"设置"→"控制面板"→"网络连接"，打开如图 4 - 1 - 6所示的"网络连接"窗口。

（2）打开"新建连接向导"对话框，如图 4 - 1 - 7 所示。

（3）单击"下一步"按钮，如图 4 - 1 - 8 所示，选择"连接到 Internet"选项。

（4）单击"下一步"按钮，打开"准备好"对话框，如图 4 - 1 - 9 所示，选择"手动设置我的连接"选项。

图4-1-6 建立拨号连接步骤一　　　　图4-1-7 建立拨号连接步骤二

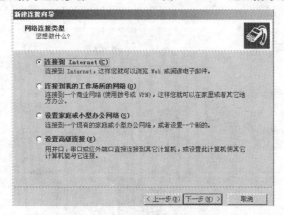

图4-1-8 建立拨号连接步骤三

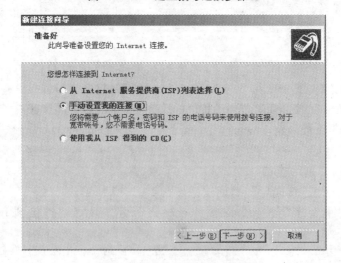

图4-1-9 建立拨号连接步骤四

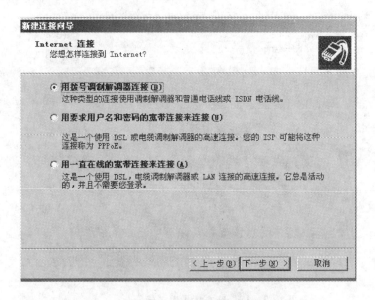

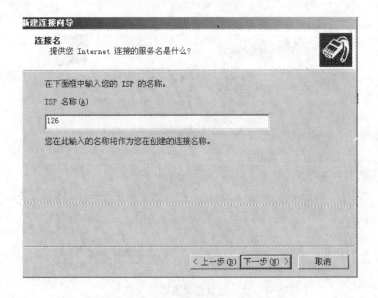

（5）单击"下一步"按钮，打开"Internet 连接"对话框，如图 4 - 1 - 10 所示，选择"用拨号调制解调器连接"选项。

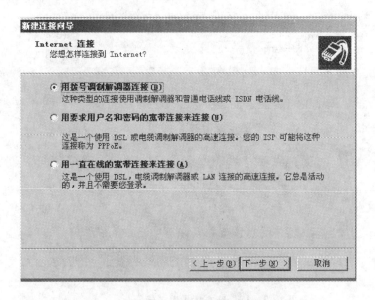

图 4 - 1 - 10　建立拨号连接步骤五

（6）单击"下一步"按钮，打开"连接名"对话框，如图 4 - 1 - 11 所示，在"ISP 名称"文本框中输入用于标识前连接的名称"126"。

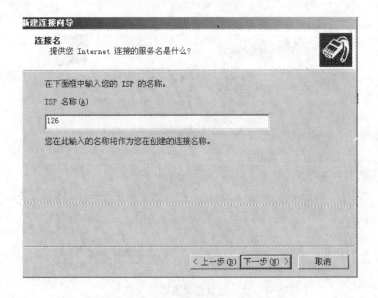

图 4 - 1 - 11　建立拨号连接步骤六

（7）单击"下一步"按钮，打开"要拨的电话号码"对话框，如图 4 - 1 - 12 所示，在该对话框的"电话号码"文本框中输入 ISP 提供给用户的拨号号码。

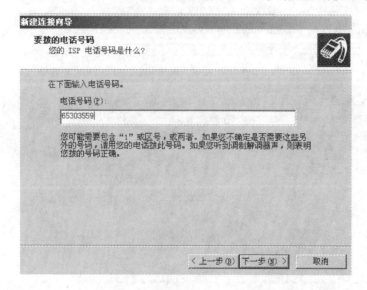

图 4 - 1 - 12　建立拨号连接步骤七

（8）单击"下一步"按钮，打开"Internet 账户信息"对话框，如图 4 - 1 - 13 所示，在"用户名"、"密码"以及"确认密码"3 个文本框中分别输入 ISP 服务网提供给用户的个人账户和密码。

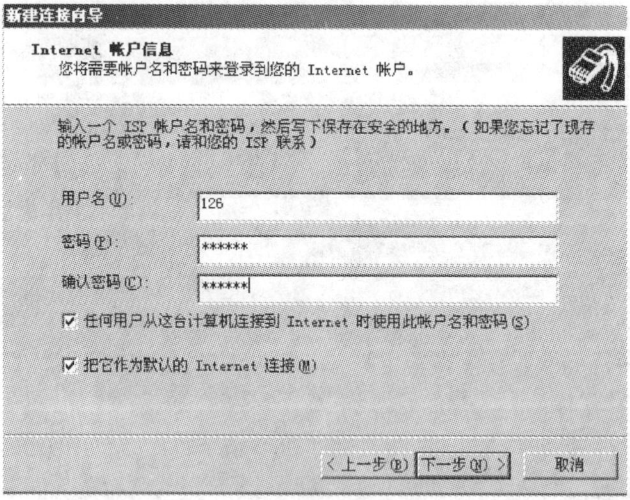

图 4 - 1 - 13　建立拨号连接步骤八

（9）单击"下一步"按钮，打开如图 4 - 1 - 14 所示的"正在完成新建连接向导"对话框，在该对话框中显示了用户所建立的 Internet 连接的重要信息。如果勾选该对话框中的"在我的桌面上添加一个到此连接的快捷方式"复选框，可以自动为该连接在用户桌面上创建快捷方式。

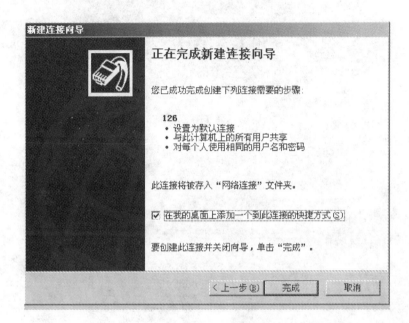

图 4 - 1 - 14　建立拨号连接步骤九

（10）单击"完成"按钮，即可以完成该 Internet 连接的创建。这时系统将自动弹出该 Internet 连接的拨号对话框，如图 4 - 1 - 15 所示。单击其中的"拨号"按钮，即可以进行连接。

（二）使用 ADSL

ADSL（Asymmetrical Digital Subscriber Line，非对称数字用户线路）是一种可以让家庭或小型企业利用现有电话网，采用高频数字压缩方式进行宽带接入的技术。ADSL 具有高速以及不影响通话的优势，我国大部分城市已开通了这项服务，目前已渐渐取代了调制解调器成为用户上网的首选接入方式。

1. 选择 ADSL Modem

由于 ADSL Modem 的安装与调试相对来说更为复杂一些，不会像普通的 Modem 那样可以轻松地完成。因此，在选购时应注意以下建议，以购买适合自己的 ADSL Modem。

（1）接口类型。ADSL 目前的接口有以太网、USB 和 PCL 3 种。USB、PCL

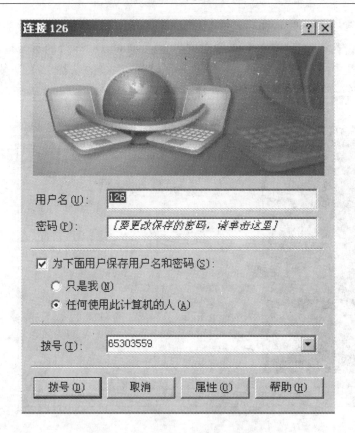

图4-1-15　建立拨号连接步骤十

适用于家庭用户，性价比较好，而且具有小巧、方便和实用的特点。外置以太网接口只适用于企业和办公室的局域网，它可以实现多台机器同时上网。

（2）是否附带分离器。由于ADSL信道与普通Modem不同，所以要利用电话介质而又不是占用电话线，就需要一个分离器。自带分离器的ADSL Modem在价格上相对贵点。

（3）支持何种协议。ADSL Modem上网拨号方式有3种：专线方式（静态IP）、PPPoA和PPPoE。一般普通用户多是以PPPoA、PPPoE虚拟拨号的方式上网。

（4）ADSL的硬件要求。ADSL Modem同样有内置和外置之分，在价格上还是内置的更有优势，外置的在性能上有一定的优势。用户可以根据自己的实际情况选择内置或外置ADSL Modem.

2. 安装ADSL Modem

申请ADSL接入服务需要一台568奔腾以上或同档次的兼容机、网卡、过滤分离器、ADSL Modem 和一条电话线、两条 100M 标准的局域网双绞线（即交叉网线）等。不过最重要的是当地电信局开通此项业务，然后到电线局办理 ADSL 业务。填完表，交完钱后会有专业人员在规定的时间内上门为用户调试好网络连接。ADSL 硬件安装通常包括两部分，即网络的安装与配置以及安装 ADSL 调制解调器。

（1）安装分离器。把 ISP 提供的含 ADSL 功能的电话线接入滤波分离器的 Line 接口，把普通电话接入 Phone 接口，电话部分完全和普通电话一样使用就行了，并且不需要像大部分 ISDN 设备那样要通电才能使用电话。

（2）安装 ADSL Modem。用准备好的 100Mbit/s 网线从滤波分离器的 ADSL 接口连接到 ADSL Modem 的 ADSL 接口，再用另外一根网线把网卡和 ADSL Modem 的 Ethernet 接口连接起来。

在 ADSL Modem 上通常有 5 个指示灯，依次是 ADSL 、Ethernet、ATM25、Maint 和 Power，通过这些指示灯的信号，用户可以了解到 ADSL 的工作状况。其指示的信息包括以下几种情况，如表 4 - 1 - 1 所示。

表 4 - 1 - 1　指示灯信号信息表

指示灯	工作状态
ADSL 红灯	代表 ADSL Modem 没有检测到 ISP 的 ADSL 网络信号，即网络有故障
ADSL 绿灯	代表检测到网络信号并且正在与 ISP 的网络同步，连通网络
Ethernet 灯	代表与局域网网卡的连接没有正常工作或没有连接网卡，绿色常亮表示工作正常，闪动代表 ADSL Modem 和网卡之间数据正在传送
ATM25 灯	与 Ethernet 含义相似
Maint 灯	代表 ADSL 信号中的控制维护信号正常
Power 灯	表示通电与否

 任务小结

在本任务中，我们介绍了 Internet 基础知识、网络协议、域名系统的基础知识、Internet 的主要服务以及常见接入方式。同学们通过本章的学习，应该能熟练掌握 Internet 基础知识和常见的接入方式。

上机实训　创建拨号连接

根据课本上所学的内容，创建一个拨号连接，名为"学校"。

任务二 信息浏览、搜索与下载

 任务说明

本任务主要介绍如何使用 360 安全浏览器，如何利用下载工具下载文件，从而为用户能够享受上网所带来的乐趣打下坚实的基础。

 学习目标

➢ 了解 Internet Explorer 基础知识。
➢ 掌握使用 Internet Explorer 浏览与搜索信息。
➢ 掌握使用 Internet Explorer 打印与保存信息。
➢ 掌握使用 IE 下载文件的方法。
➢ 掌握使用 FlashGet 下载文件的方法。

 知识要点

➢ Internet Explorer 基础知识。
➢ 浏览与搜索信息。
➢ 打印与保存信息。
➢ IE 的下载方法。
➢ FlashGet 的下载方法。

 任务实施

一、初识 360 安全浏览器

360 安全浏览器（360Safety Browser）是 360 安全中心推出的一款基于 IE 内

核的浏览器，是世界之窗开发者凤凰工作室和360安全中心合作的产品。和360安全卫士、360杀毒等软件产品一同称为360安全中心的系列产品。360安全浏览器拥有全国最大的恶意网址库，采用恶意网址拦截技术，可自动拦截挂马、欺诈、网银仿冒等恶意网址。独创沙箱技术，在隔离模式即使访问木马也不会被感染。360安全浏览器与城堡极速浏览器有着密切的合作。

360安全浏览器是一款小巧、快速、安全、功能强大的多窗口浏览器，它是完全免费，没有任何功能限制的绿色软件，最全的恶意网址库，最新的云安全引擎，"安全红绿灯"全面拦截木马病毒网站；"搜索引擎保护"自动标识搜索结果页中的风险网站，如图4-2-1所示。

图4-2-1　360安全浏览器

360安全浏览器窗口中各部分的功能如下。

标题栏：标题栏位于浏览器最顶端，用于显示网页的标题。

菜单栏：菜单栏在标题栏下面，浏览器的所有功能都可以在这里实现。

工具栏：包括一些常用的按钮，通过单击这些按钮，可以实现相应的功能。

地址栏：用于输入要浏览的网页的地址。

状态栏：显示浏览器当前操作的状态信息。

工作区：用于显示浏览的网页信息。

360安全浏览器的特色：

（1）智能拦截钓鱼网站和恶意网站，开心上网安全无忧。

（2）智能检测网页中恶意代码，防止木马自动下载。

（3）集成全国最大的恶意网址库，网站好坏大家共同监督评价。

（4）即时扫描下载文件，放心下载安全无忧。

（5）内建深受好评的 360 安全卫士流行木马查杀功能，即时扫描下载文件。

（6）木马特征库每日更新，查杀能力媲美收费级安全软件。

（7）"超强安全模式"采用"沙箱"技术，真正做到百毒不侵（木马与病毒会被拦截在沙箱中无法释放威力）。

（8）将网页程序的执行与真实计算机系统完全隔离，使得网页上的任何木马病毒都无法感染计算机系统。

（9）颠覆传统安全软件"滞后查杀"的现状，所有已知未知木马均无法穿透沙箱，确保计算机系统安全。

（10）体积轻巧功能丰富（一个网页多个窗口），媲美同类多窗口浏览器。

（11）支持鼠标手势、超级拖曳、地址栏自动完成等高级功能。

（12）广告智能过滤、上网痕迹一键清除，保护隐私免受干扰。

（13）内建高速下载工具（有时赛过专业的下载工具），支持多线程下载和断点续传。

※提示：以上功能需要与 360 安全卫士配合一起使用。

二、使用 360 安全浏览器浏览网页

（一）使用 Internet Explorer 地址栏浏览网页

我们可以在浏览器窗口地址栏中直接输入需要访问的网页，按回车键即可访问该网页。例如，在地址栏中输 http：// hao360.cn，按回车键打开如图 4 - 2 - 2 所示的页面。

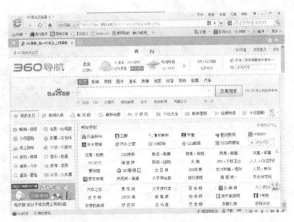

图 4 - 2 - 2　网页

（二）使用网页中的链接浏览网页

一般一个网页中包含了很多的链接，如图片链接、flash 链接以及文本链接等，用户可以通过单击这些链接浏览网页内容。

（三）使用收藏夹浏览网页

当用户在网上发现自己喜欢的网页，可将该网页站点添加到收藏夹列表中。这样，对于加入到收藏夹的网站，用户以后可以通过收藏夹来访问它，而不用担心忘记了该网站的网址。

※提示：收藏夹其实是一个文件夹，其中存放的是用户喜欢的或经常访问的网站地址。

1. 收藏网页

例：将新浪的主页收藏在 360 安全浏览器的收藏夹中。

（1）打开新浪主页，单击工具栏上的"收藏夹"按钮，打开"收藏夹"列表框，如图 4 - 2 - 3 所示。

图 4 - 2 - 3 "收藏夹"列表框

（2）单击"收藏夹"栏上的"添加"按钮，打开"添加到收藏夹"对话框，如图 4 - 2 - 4 所示。

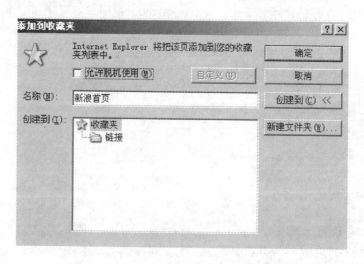

图 4 - 2 - 4 "添加到收藏夹"对话框

（3）在"名称"文本框中显示了当前网页的名称"新浪首页"。在"创建到"选项组中选择一个收藏网页的文本夹。

（4）选择文件夹后，单击"确定"按钮即可将网页添加到收藏夹中。

2. 使用收藏夹浏览

用户如果要访问"收藏夹"列表框中的网页，只需要单击工具栏中的"收藏夹"按钮，在弹出的"收藏夹"列表中单击需要打开的网页的链接即可。

（四）搜索信息

通常，人们浏览网页的目的是为了查找所需要的信息和获取相关的服务，而 Internet 是一个巨大的信息库，其内容涉及不同的主题，包括了商业、科技教育、工农业生产、娱乐休闲等多个方面，这为人们的生活、学习以及工作提供了极大的方便。但面对 Internet 这样一个庞大的信息库，如何快速、有效地找到需要的信息是一个问题。现在用户可以借助搜索功能来快速、准确地查询所需要的信息内容。

1. 使用 360 安全浏览器搜索引擎

用户可以使用 360 安全浏览器提供的搜索功能，来查找所需要的信息。

例：使用 360 安全浏览器搜索引擎搜索 NBA 信息。

（1）打开 360 安全浏览器，单击工具栏上的"搜索"按钮，360 安全浏览器会弹出如图 4 - 2 - 5 所示的搜索栏。

（2）在"查找包括下列内容的网页"文本框中输入"NBA"，并且单击"搜索一下"按钮，这时在搜索栏中给出了如图 4 - 2 - 6 所示的搜索结果。

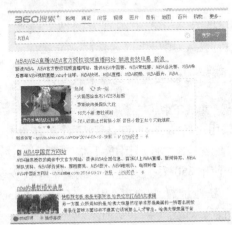

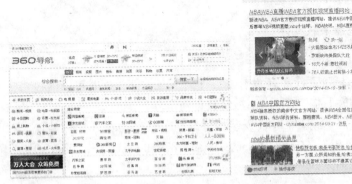

图 4 - 2 - 5　搜索页面　　　　图 4 - 2 - 6　搜索结果

（3）单击"NBA 搜狐体育"超链接就可以进入 NBA 搜狐体育主页了。

2. 使用搜索引擎

搜索引擎的出现为上网用户快速准确地查找信息提供了强大的支持。比较著名的搜索引擎有百度、Google、雅虎、搜狐以及搜索新浪等。下面以百度搜索引擎为例，介绍搜索引擎的一般方法。

例：使用百度搜索引擎搜索 NBA 信息。

（1）打开 360 安全浏览器，在浏览器的地址栏中输入 http：//www. baidu. com，打开百度搜索网页。

（2）在图 4-2-7 所示的输入栏中输入 NBA，并且选中"搜索所有中文网页"单选按钮。

（3）单击"百度一下"按钮，将出现如图 4-2-8 所示的搜索结果。

图 4-2-7　百度搜索页面

图 4-2-8　百度搜索结果

（4）单击"NBA 中国官方网站"链接，进入页面。在该网站中，提供了NBA 最新消息，用户可以选择性浏览观看。

三、使用 360 安全浏览器下载文件

（一）直接下载

如果用户新安装了 Windows 系统，还没有安装任何下载软件，这时可以通过使用 IE 直接下载文件。用户只需直接单击下载链接即可。

例：使用 360 安全浏览器下载 FlashGet 安装文件。

（1）在地址栏中输入 http：//www. skycn. com/soft/879. html，打开 FlashGet 的下载页面，如图 4-2-9 所示。

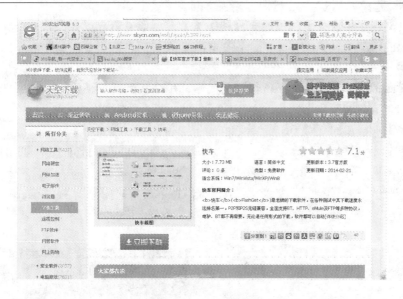

图 4 - 2 - 9　下载页面

（2）单击"江苏普尔电信下载"链接，弹出如图 4 - 2 - 10 所示的对话框。

（3）单击"保存"按钮，打开如图 4 - 2 - 11 所示的"另存为"对话框。

图 4 - 2 - 10　文件下载　　　　　　　**图 4 - 2 - 11　保存文件**

（4）选择完保存位置后，单击"保存"按钮，会弹出下载进度条。该对话框中提示了估计剩余时间、下载位置和传输速率等信息。

（5）当文件下载结束以后，单击"关闭"按钮即可完成下载，如果用户需要立即安装 FlashGet，单击"打开"按钮，即可直接执行安装向导。

（二）使用 FlashGet 下载

用户在使用 IE 下载文件的过程中有时会遇到意外的中断，使下载任务前功尽弃，而且浏览器单线程下载不能充分利用宽带，无形中造成很大浪费。下面介绍一种常用的下载工具 FlashGet（网络快车）。

1. 下载方法

使用 FlashGet 下载文件是一件很容易的事，用户找到需要下载的文件，选择使用 FlashGet 下载即可。

例：使用 FlashGet 下载 QQ 安装文件。

（1）在地址栏中输入 http：//im. qq. com/qq/dlqq. shtml，打开 QQ2008 的下载页面，如图 4 - 2 - 12 所示。

（2）单击"普通下载"按钮，弹出"添加新的下载任务"对话框，如图 4 - 2 - 13所示。

图 4 - 2 - 12 QQ 安装文件下载页面   图 4 - 2 - 13 建立下载任务

（3）单击"另存为"属性按钮，弹出"浏览文件夹"对话框，指定下载文件的存放路径，如图 4 - 2 - 14 所示。

（4）单击"确定"按钮后，返回"添加新的下载任务"对话框，在"文件分成"下拉列表框中选择 10。单击"确定"按钮后，FlashGet 开始下载 QQ2008 安装文件，如图 4 - 2 - 15 所示。

图 4-2-14　指定存放路径

图 4-2-15　开始下载文件

2. 常用设置

FlashGet 以其快速的下载速度，完善的断点续传功能，强大的下载后管理功能，逐渐受到了用户的喜爱。然而对于它的功能设置，用户可能还不是很了解。通过下面内容的学习，用户会掌握更多的知识。

FlashGet 有几种默认的监视文件类型，当用户在网页中单击默认文件类型的超级链接后，会自动启动 FlashGet。然而，当所下载的对象是其他文件格式时，FlashGet 则不会自动下载，用户可以通过设置使用 FlashGet 下载。

打开 FlashGet 对话框，选择"工具"→"选项"，选择"监视"选项卡，在"监视的文件类型"文本框中输入 . rar. tgz. pdf. docx. chm. iso. ace. cab，就可以下载更多类型的文件了。

 任务小结

本任务介绍了使用 360 浏览器上网浏览信息、搜索信息、保存网页、脱机浏览、打印网页、下载文件及 FlashGet 下载文件的方法。同学们通过本任务的学习，应该能熟练操作 IE 的各种功能和利用软件下载文件的方法。

上机实训　FlashGet 下载播放器

根据课本上所学的内容，利用 FlashGet 下载"千千静听"播放器并安装文件，同时下载一首歌，并把这首歌添加到播放器中。

任务三　电子邮件的收取和发送

 任务说明

本任务主要介绍电子邮箱的使用，包括电子邮箱的申请、电子邮件的收发以及使用辅助工具等。

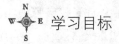 学习目标

➢ 了解什么是电子邮件。
➢ 掌握如何申请电子邮箱。
➢ 掌握电子邮件的发送。
➢ 掌握电子邮件的收取。
➢ 掌握使用 Foxmail 收发邮件。
➢ 掌握使用 Outlook Express 收发邮件。

 知识要点

➢ 电子邮件的概念。
➢ 申请电子邮件。
➢ 电子邮件的收取和发送。
➢ Foxmail 的使用。
➢ Outlook Express 的使用。

 任务实施

一、认识电子邮件

随着计算机和互联网的普及应用，人类社会的信息交流方式发生了巨大的变

化，推动着全球的经济、文化、政治的发展。现在，使用电子邮件来相互传递和交流信息的人们越来越多。通过电子邮件的形式进行交流是一种全新的交流和联系方式，同时也由于它具有快捷、方便的特点，使得人们足不出户便可以与世界上任何地点（与 Internet 连接）的朋友通信。

电子邮件比传统的通信方式更加快捷、方便，它以文字表达为主，也可以是图像、声音以及其他多媒体形式。电子邮件以计算机二进制形式存储，可以随时查看，用户还可以将电子邮件的内容打印出来，以正常阅读方式阅读信件内容。

二、电子邮件的通信协议

电子邮件传递可以通过多种协议来实现。目前，在 Internet 网上最流行的 3 种电子邮件协议是 SMTP、POP3 和 IMAP。

SMTP 协议：即简单邮件传输协议（Simple Mail Transfer Protocol），是一个运行在 TCP/TP 之上的协议，用它发送和接收电子邮件。

POP3 协议：即邮局协议（Post Office Protocol Version 3），它提供了一种对邮件消息进行排队的标准机制，方便接收者检索邮件。

IMAP 协议：Internet 消息访问协议（Internet Message Access Protocol）是一种电子邮件消息排队服务，它对 POP3 的存储转发限制提供了重要的改进。

三、申请电子邮箱

目前，国内的很多网站都提供了各有特色的邮箱服务。但它们的共同特点是免费的，并能够提供一定容量的存储空间。

例：在 163 上申请免费邮箱 hainancaishuixuexiao@163.com。

（1）在 360 安全浏览器地址栏中输入 http：//mail.163.com，打开 163 邮箱页面，如图 4-3-1 所示。

（2）单击"注册"按钮，系统打开"选择用户名"页面，在"通行证用户名"文本框中，输入通行证用户名 hainancaishuixuexiao，并输入密码、密码提示问题以及安全码等内容，如图 4-3-2 所示。

※提示：在这个页面中，用户须按要求填写个人资料，其中带 * 的项必须填写。

（3）单击"注册账号"按钮，显示网易通行证申请成功页面，如图 4-3-3 所示。

图 4 - 3 - 1　163 邮箱页面

图 4 - 3 - 2　注册页面

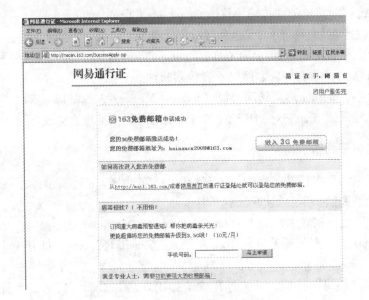

图 4 - 3 - 3　邮箱申请成功

（4）单击"进入 3G 免费邮箱"按钮，在打开的页面中单击"确定"按钮，即可成功进入个人免费电子邮箱了，如图 4 - 3 - 4 所示。

四、发送电子邮件

用户成功申请免费电子邮箱后，就可以使用该邮箱收发电子邮件，与亲朋好友进行联系了。

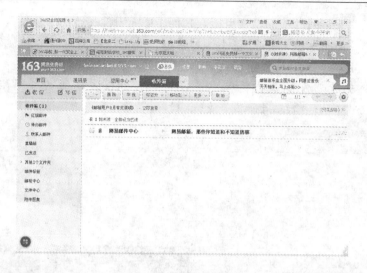

图 4 - 3 - 4　进入邮箱

例：使用申请的 163 电子邮箱发送邮件到 zpq0201@163.com。

（1）打开 IE 浏览器，在浏览器的地址栏中输入：http：//mail.163.com，打开 163 免费邮箱的首页。

（2）在"用户名"和"密码"文本框中输入用户名和密码，单击"登录邮箱"按钮，进入邮箱界面。

（3）在界面左侧单击"写信"按钮，打开如图 4 - 3 - 5 所示的页面。在"收件人"文本框中输入收件人的邮箱地址 zpq0201@163.com；在"主题"文本框中输入邮件主题，以便收件人收到邮件时可以在收件箱看到它，便于预览；然后再在正文区中输入邮件正文。

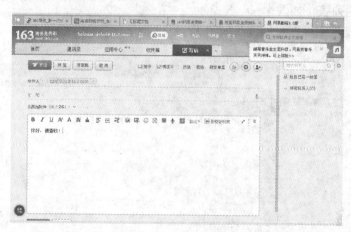

图 4 - 3 - 5　写信页面

（4）单击"上传附件"超链接可以在邮件中插入附件。单击"浏览"按钮，打开如图4-3-6所示的"选择文件"对话框，从中选择附件"在线"，单击"打开"按钮，该附件成功地被添加到该邮件中。

（5）回到发送邮件的页面，单击"发送"按钮，发送邮件。当出现如图4-3-7所示界面后，表示此邮件发送完毕。

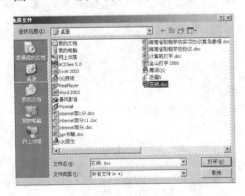
图4-3-6　插入附件

图4-3-7　发送邮件成功

※提示：在写信的过程中，如果出现网络错误，用户可以在记事本等文字处理工具中写好需要发送的文字内容，然后复制粘贴到邮箱中即可。

五、接收电子邮件

例：使用163邮箱接收邮件。

（1）同发送邮件一样，首先登录到邮箱界面，单击页面中的"收件箱"链接，打开收件箱列表，如图4-3-8所示。

（2）单击邮件主题即可阅读，如图4-3-9所示。

图4-3-8　收件箱列表

图4-3-9　阅读邮件

（3）用户在阅读完邮件后可以直接单击"回复"链接，将回信寄给对方，如图 4 - 3 - 10 所示。

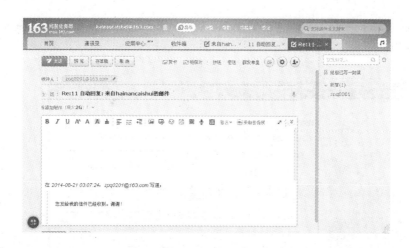

图 4 - 3 - 10　回复邮件

※提示：收件箱的功能有很多，有"删除"、"转发"和"拒收"等，用户可以联机进行测试。

六、使用 Foxmail 管理邮件

Foxmail 是著名的中文版 Internet 电子邮件客户端软件，支持全部的 Internet 电子邮件功能。该软件有很多优点，收发邮件不用登录邮箱网站页面，速度更快；收发的邮件都保存在电脑中，可以进行脱机阅读和管理；另外，还提供数字签名加密，反垃圾邮件等功能。

1. 建立用户账户

通过账户管理，可以让 Foxmail 将申请的电子邮件管理起来，不用登录到邮箱就可以收发邮件，尤其当用户有多个电子邮箱时，用 Foxmail 管理后收发邮件更为方便。

在 Foxmail 安装结束后第一次运行时，系统会自动启动向导程序，引导用户添加第一个邮件账户。Foxmail 支持多用户管理，以后每添加一个用户，就要建立相应的账户。

例：启动向导程序添加用户 hainancaishui。

（1）打开用户向导的欢迎窗口，在如图 4 - 3 - 11 所示的对话框中填入电子

邮件地址和密码。

（2）单击"下一步"按钮，填写 POP3 和 SMTP 服务地址，POP3 账户名与密码，如图 4－3－12 所示。

（3）单击"下一步"按钮，在如图 4－3－13 所示的对话框中单击"完成"按钮，结束账户设置。

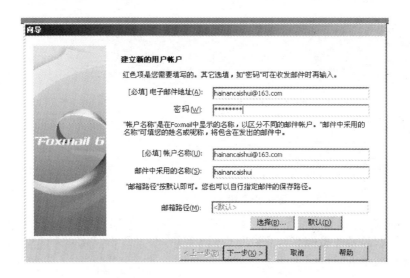

图 4－3－11　建立用户账户步骤一

图 4－3－12　建立用户账户步骤二

图 4－3－13　建立用户账户步骤三

2. Foxmail 的设置

通过选择"账户"→"属性"选项，用户可设置账户属性，此时系统将打开"账户管理"对话框。

利用该对话框可设置个人信息、邮件服务器、发送邮件服务器等信息。如果希望 Foxmail 每隔一段时间自动收取新邮件，并希望在新邮件来到时播放声音，可首先在"账户属性"对话框左侧的设置项目列表中单击选择"接收邮件"选项，然后在右侧参数设置区进行适当设置，如图4-3-14所示。

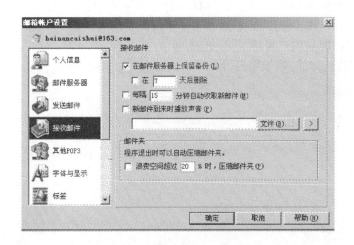

图4-3-14 "邮箱账户设置"对话框

3. 使用 Foxmail 收取邮件

当用户设置好账户属性后，就可以利用 Foxmail 来收取邮件了。用户只需在 Foxmail 主窗口中单击"收取"按钮即可，如图4-3-15所示。

图4-3-15 收取邮件

图4-3-16 发送邮件

4. 使用 Foxmail 发送邮件

单击工具栏上的"撰写"按钮，开始写邮件。如果用户希望选择邮件背景，可单击该按钮右侧的三角符号，然后在弹出的下拉列表中进行选择，如图4-3-16所示。写完邮件，单击工具栏上的"发送"按钮即可。

5. 使用 Foxmial 回复邮件

收取邮件后，要回复邮件，可首先在邮件列表中选择邮件，然后单击"回复"按钮，此时系统将打开如图 4 - 3 - 17 所示邮件编辑窗口。

6. 使用 Foxmail 转发邮件

收取邮件后，如果用户想转发给其他好友，可在邮件列表中选择邮件，然后单击"转发"按钮，此时系统将打开如图 4 - 3 - 18 所示邮件转发窗口。

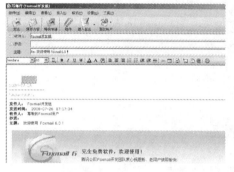

图 4 - 3 - 17　回复邮件

图 4 - 3 - 18　转发邮件

7. 使用 Foxmail 删除邮件

看完邮件之后，如果不想再保留，就选择邮件删除，节约邮箱存储空间。

例：使用 Foxmail 删除功能删除垃圾邮件。

（1）右击要删除的邮件，在弹出的菜单中选择"删除"，如图 4 - 3 - 19 所示。

图 4 - 3 - 19　删除邮件

（2）"删除"只是将邮件移动到废件箱中，单击废件箱可以看到前面删除的邮件，如图 4 - 3 - 20 所示。

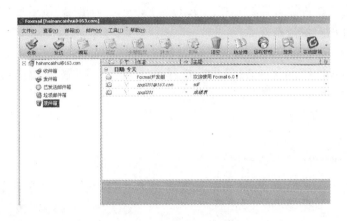

图 4 - 3 - 20　废件箱

（3）选择菜单中的"清空废件箱"，彻底删除邮件。

七、使用 Outlook Express 管理邮件

Outlook Express 是 Internet Explorer 中文版的组件之一，是目前功能较完善、使用较方便的一个电子邮件管理软件。在桌面上单击"开始"按钮，选择"程序" Outlook Express 命令，启动 Outlook Express，其界面如图 4 - 3 - 21 所示。

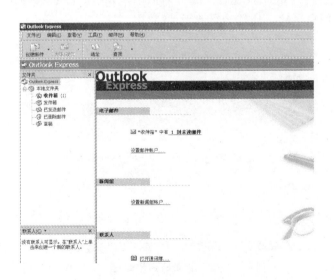

图 4 - 3 - 21　Outlook Express 启动界面

1. 设置电子邮件账户

在使用 Outlook Express 的电子邮件服务之前，用户需要设置自己的电子邮件账户，以便建立与邮件服务器的连接。Outlook Express 为用户提供了专门的连接向导程序，引导用户设置邮件账户。

例：使用 Outlook Express 连接向导设置 Internet 账户 hncx。

（1）在 Outlook Express 主窗口中，选择"工具"→"账户"选项，打开"Internet 账户"对话框，如图4-3-22所示。

（2）选择"邮件"选项卡，单击"添加"按钮，在弹出的菜单中选择"邮件"命令，如图4-3-23所示。

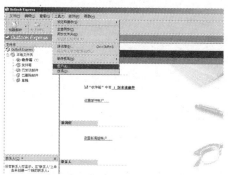

图4-3-22　设置账户步骤一　　　　　图4-3-23　设置账户步骤二

（3）系统将打开"Internet 连接向导"对话框，如图4-3-24所示。在显示名文本框中输入用户名字。所输入的名字将应用到所发送的邮件的"发件人"字段中。

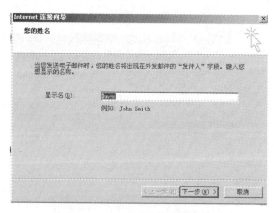

图4-3-24　设置账户步骤三

（4）单击"下一步"按钮，打开"Internet 电子邮件地址"对话框，如图 4 - 3 - 25所示。在"电子邮件地址"文本框中输入 Internet 服务提供商为用户分配的电子邮件地址 hainancaishui@163.com。

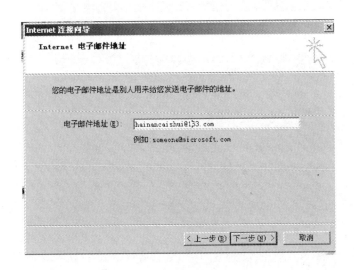

图 4 - 3 - 25　设置账户步骤四

（5）单击"下一步"按钮将打开"电子邮件服务器名"对话框，如图 4 - 3 - 26 所示。从"我的邮件接收服务器是"下拉列表框中选择服务器的类别，并分别输入 Internet 服务提供商所提供的接收和发送电子邮件服务器名称。

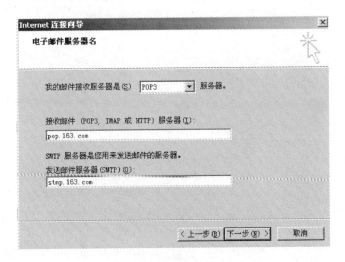

图 4 - 3 - 26　设置账户步骤五

（6）单击"下一步"按钮，打开"Internet Mail 登录"对话框，如图 4 – 3 – 27 所示。

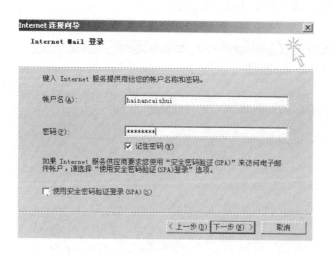

图 4 – 3 – 27　设置账户步骤六

（7）分别在"账户名"和"密码"文本框中输入 Internet 服务提供的电子邮件账户名与密码。

（8）单击"下一步"按钮，打开"祝贺您"对话框，如图 4 – 3 – 28 所示。单击"完成"接钮即可完成电子邮件账户的设置。

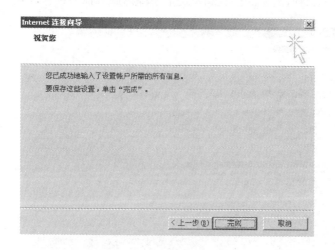

图 4 – 3 – 28　设置账户完成

至此，Outlook Express 已经为用户建立了一个电子邮件账户，用户可以用这个账户来收发电子邮件了。如果用户希望拥有多个电子邮件账户，可以按照上面的方法重复设置。

2. 收发电子文件

发送给用户的邮件实际上是首先发送到用户自己所连接的邮件服务器上，并且保存在邮件服务器分配的邮箱里，从而实现邮件的同步功能。当用户连接到邮件服务器时，即可从邮件服务器上下载这些新的邮件，进行脱机阅读。所有收到的邮件都被保存在"收件箱"文件夹中，不同性质的邮件前面会有不同的符号进行标记，用户可以有选择地对邮件进行处理。

（1）撰写新邮件及发送邮件。

例：使用 Outlook 撰写新的邮件及发送邮件到 zpq0201@163.com。

1）使用 Outlook Express 窗口中执行"文件"→"新建"→"邮件"命令，或者单击工具栏中的"创建邮件"按钮，即可以打开"新邮件"窗口，如图 4-3-29 所示。

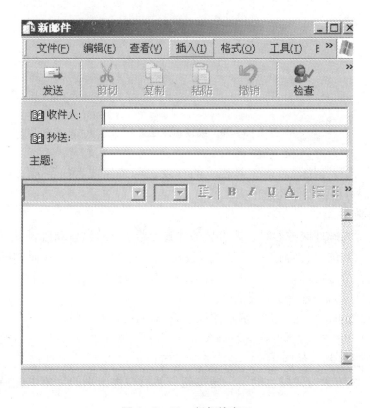

图 4-3-29 新邮件窗口

2）在"收件人"和"抄送"文本框中输入收件人的电子邮件地址：zpq0201@163.com。

3）在"主题"文本框中输入邮件主题hi，以便收件人收到邮件时，可以在收件箱中看到邮件的主题，便于预览。当输入主题后，标题栏中的"新邮件"将被当前的邮件主题中的文字所代替。

4）在正文区中输入邮件正文，并利用正文区上方的格式工具栏为当前邮件设置简单的文字格式。如图4－3－30所示。

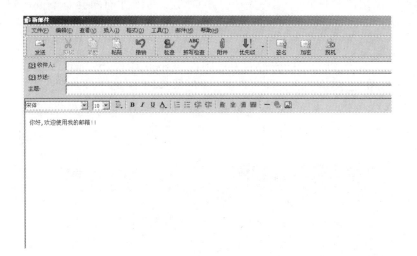

图4－3－30　编辑邮件正文

5）新邮件撰写完毕，单击工具栏上的"发送"按钮或者执行"文件"→"发送"命令即可将新邮件发送出去。

（2）接收邮件。

当用户连接到邮件服务器时，即可从邮件服务器上下载这些新邮件，进行脱机阅读。所有收到的邮件都被保存在"收件箱"文件夹中，不同性质的邮件前面会有不同的符号进行标记，用户可以有选择地对邮件进行处理。

例：使用Outlook Express接收文件。

1）单击桌面上的Outlook Express图标，启动Outlook Express。

2）选择"工具"→"发送和接收"命令，然后在弹出的子菜单中选择需要接收的邮箱服务器，如图4－3－31所示。用户也可以在"工具栏"中单击"发送/接收"按钮旁边的黑色的下三角按钮，然后在弹出来的菜单中选择相应命令。

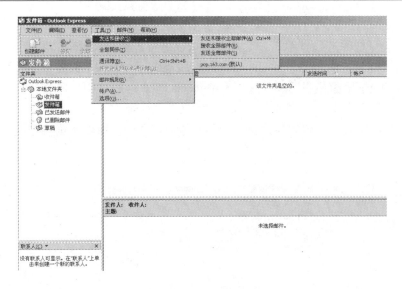

图 4 - 3 - 31　接收邮件命令

3）此时 Outlook Express 就在进行邮件的接收，如图 4 - 3 - 32 所示。"详细信息"左边的进度条显示下载邮件的速度，当进度条显示下载进度为 100% 时就下载了所有的邮件。

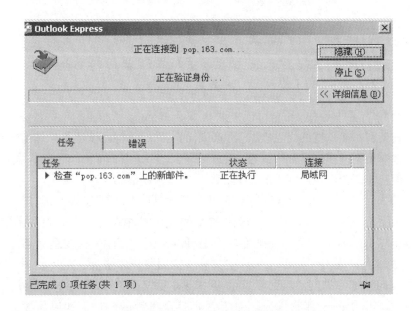

图 4 - 3 - 32　接收邮件进度显示

4）邮件接收完成后，Outlook Express 自动把这些邮件放到 Outlook Express 主窗口"文件夹"栏的"收件箱"中，用户就可以进行查看和阅读邮件。

（3）阅读邮件。由于 Outlook Express 能够脱机阅读，邮件下载完后，即可以在单独的窗口或预览窗格中阅读邮件。在 Outlook Express 窗口中单击文件夹列表中的"收件箱"即可打开如图 4-3-33 所示的"收件箱"文件夹，上半部分的邮件列表，列出所有接收到的邮件，下半部分是预览窗格，用来预览选定邮件的内容。

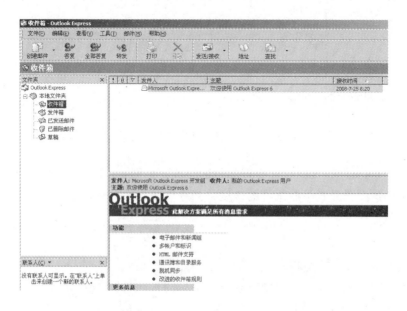

图 4-3-33   "收件箱"文件夹

在"收件箱"文件夹中，用户可以根据 Outlook Express 所给出的一些特殊符号来辨别邮件的类别，如邮件的优先级、是否有附加文件、邮件已读还是未读等，使用户可以有选择地阅读和处理邮件。在"收件箱"文件夹中，单击一个邮件项目，下面的预览窗格中即会出现该邮件的正文，用户可以拖动滚动条进行预览。

如果要打开一封邮件，在该邮件项目上双击即可打开该邮件窗口，如图 4-3-34所示。邮件上部分显示出邮件的发件人、收件人、发送时间和主题，下面的文本框中显示邮件正文。在邮件窗口中可以阅读、打印另存或删除邮件。

（4）回复邮件。在 Outlook Express 中，邮件的回复非常强大，用户收到一封邮件后，可以向该邮件的发件人回复，也可以将答复发送给该邮件的"收件人"和"抄送"文本框中的全部收件人。对于含有公众事宜的邮件，如果需要，还可以转发给其他有关的人员。

图 4 – 3 – 34 邮件窗口

图 4 – 3 – 35 回复邮件窗口

答复发件人时，在 Outlook Express 窗口中选择要回复的邮件，单击邮件工具栏中的"答复"按钮，即可打开一个如图 4 – 3 – 35 所示的邮件窗口。在答复邮件的"收件人"文本框中显示邮件发件人的地址；在主题栏中显示"Re（原件主题）"字样；在文本框中显示原始邮件的各种信息。答复邮件时，在正文区中输入需要答复的话，然后单击工具栏中的"发送"按钮即可。

（5）转发邮件。Outlook Express 还提供了转发的功能。在 Outlook Express 窗口中选择要转发的邮件并单击邮件工具栏中的"转发"按钮，即可打开如图 4 – 3 – 36 所示的邮件窗口，然后在"收件人"文本框中输入要转发的收件人 E – mail 地址，单击工具栏上的"发送"按钮即可进行转发。

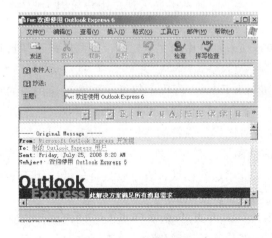

图 4 – 3 – 36 转发邮件窗口

（6）删除和恢复删除邮件。为了删除过期邮件或者垃圾邮件，Outlook Express 提供了删除邮件功能。在 Outlook Express 窗口中选择要删除的邮件，并单击邮件工具栏中的"删除"按钮，该邮件被删除到"已删除邮件"中，为了防止用户误删邮件，Outlook Express 还提供了恢复功能。在"已删除邮件"中，右击想恢复的邮件，选择"移动到文件夹"，在弹出的窗口中，选择移动到"收件箱"中即可。

（7）保存邮件。当接收到一个电子邮件时，如果在收件箱中看到邮件上有一个附件标志（曲别针图标），则说明该邮件有附件。用户可以直接在邮件窗口中双击附件的快捷方式打开该附件进行查看，也可以将附件保存到本地硬盘上。

例：使用 Outlook Express 保存附件。

1）在 Outlook Express 窗口中打开"收件箱"文件夹，单击带有附件的电子邮件。

2）打开"文件"菜单，选择其中的"保存附件"命令，打开"保存附件"对话框。

3）在"要保存的附件"列表框中选中该附件，然后在"保存到"文本框中确定要保存到本地硬盘中的位置。

4）单击"保存"按钮。

3. 深入应用邮件功能

使用 Outlook Express 除了可以收发邮件以外，还可以设置邮件格式，美化邮件以及在邮件中插入图片。

（1）设置邮件格式。为了使邮件更加美观，用户可以为邮件设置统一格式，邮件正文的格式包括字体、字号和颜色等。设置邮件正文可以使一封邮件看起来生动活泼。用户可以更改所有邮件中的文本样式，也可以只对某封邮件中选定的文本进行更改。

（2）美化邮件。Outlook Express 提供了信纸功能来美化用户的邮件。这里所说的信纸与用户平时使用的信纸不同，Outlook Express 中的信纸其实就是一种模板，客观存在可以包含背景图案、独特的字体颜色以及自定义的页边距。Outlook Express 提供了几十种信纸模板，有的风趣活泼，有的凝重端庄，有的格调高雅，用户可根据不同的场合来选用这些信纸，也可以只将信纸应用于某封邮件，还可以在开始撰写邮件后应用或更改信纸。

（3）邮件中插入图片。Outlook Express 还提供了插入图片功能，用户可以通过该功能插入自己喜爱的图片，通过图片代替字表达自己的心意等。

例：使用插入图片功能在邮件中插入图片（圣诞快乐）。

1）在桌面上双击 Outlook Express 图标，启动 Outlook Express。

2）在 Outlook Express 窗口中单击工具栏中的"创建邮件"按钮，在"新邮件窗口"执行"插入"→"图片"命令。

3）单击"浏览"按钮选择图片→winter，并且按具体要求填写其他文本框内容，单击"OK"完成，效果如图 4 - 3 - 37 所示。

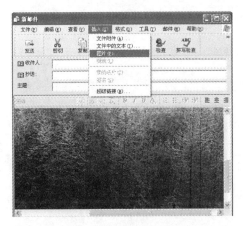

图 4 - 3 - 37　邮件中插入图片　　　　图 4 - 3 - 38　"插入附件"对话框

（4）在邮件中插入附件。在 Outlook Express 中，用户可以根据需要在邮件的正文插入各种项目，如文本、图片、音频文件、名片以及超级链接等，甚至可以将一个内容丰富多彩的文件作为附件插入到邮件中，还可以将一个或多个文件夹附加到电子邮件上一同发送。这样不仅可以节省时间，提高工作效率，还可以降低用户的上网费用。

例：在邮件中插入附件——26 个字母。

1）在 Outlook Express 窗口中单击工具栏中的"创建文件"按钮，打开"新邮件"窗口。

2）在"新邮件"窗口中，输入收件人姓名和邮件主题，并执行"插入"→"文件附件"命令，或者单击工具栏中的"附件"按钮，打开如图 4 - 3 - 38 所示的"插入附件"对话框，在其中选择作为附件的"26 个字母"文档。

3）单击"附件"按钮，这时在"主题"文本框的下面将会出现一个"附件"文本框，并在其中显示了该文件的文件名及文件大小，如图 4 - 3 - 39 所示。

经过上述步骤的操作后，所选择的文件已经作为附件插入到了电子邮件中。当发送该电子邮件时，所插入的附件将随邮件一起发送到收件人的信箱中。

[图：邮件编辑窗口]

文件(F)　编辑(E)　查看(V)　插入(I)　格式(O)　工具(T)　邮件(M)　帮助(H)

发送　　　　　　　检查　拼写检查　附件　优先级　　签名　加密　脱机

收件人：zpq0201@163.com
抄送：
主题：字母
附件：Doc2.doc (127 KB)　26个字母.doc (23.5 KB)

图 4-3-39　"附件"文本框

任务小结

在本任务中，我们介绍了电子邮件的基础以及如何申请并使用电子邮箱，另外我们也介绍了如何使用 Foxmail 和 Outlook Express 管理邮件。通过本部分的学习，用户应该能够熟练使用邮件与亲朋好友进行交流联络。

上机实训　邮箱申请和使用

根据课本上所学的内容，申请 Yahoo！网站提供的免费邮箱，并且使用申请的邮箱撰写、发送、接收、回复、删除邮件；同时也使用 Outlook Express 连接向导设置一个新的 Internet 账户，并将申请的邮箱作为新账户的接收电子邮件地址。

任务四　网络聊天、娱乐

 任务说明

➤介绍聊天工具的使用方法，通过这些聊天工具，用户能很方便地和好友们进行实时的互动聊天。

➤介绍在线收听音乐和看电影等娱乐方式。

 学习目标

➤掌握 QQ 的使用方法。
➤掌握在线欣赏音乐、电影的方法。

 知识要点

➤ QQ 的使用。
➤在线听歌、看电影。

 任务实施

一、使用 QQ 聊天

1. 下载 QQ 软件，并安装在本地计算机上

打开 IE 浏览器，在地址栏中输入 http：//im. qq. com/qq/all. shtml，打开所有 QQ 软件版本列表的页面，如图 4 - 4 - 1 所示。

选择合适的 QQ 版本软件，单击其下载链接，将软件下载到本地计算机上。然后运行该 QQ 安装软件，按向导提示进行安装，直至安装成功。

图 4 - 4 - 1　从 QQ 官方网站下载软件列表

2. 申请 QQ 账号，添加 QQ 好友

（1）运行 QQ 软件，出现 QQ 登录界面，如图 4 - 4 - 2 所示。

图 4 - 4 - 2　QQ 登录界面

（2）单击 QQ 号码输入框右侧的"注册账号"链接，打开 QQ 注册网页，如图 4 - 4 - 3 所示。

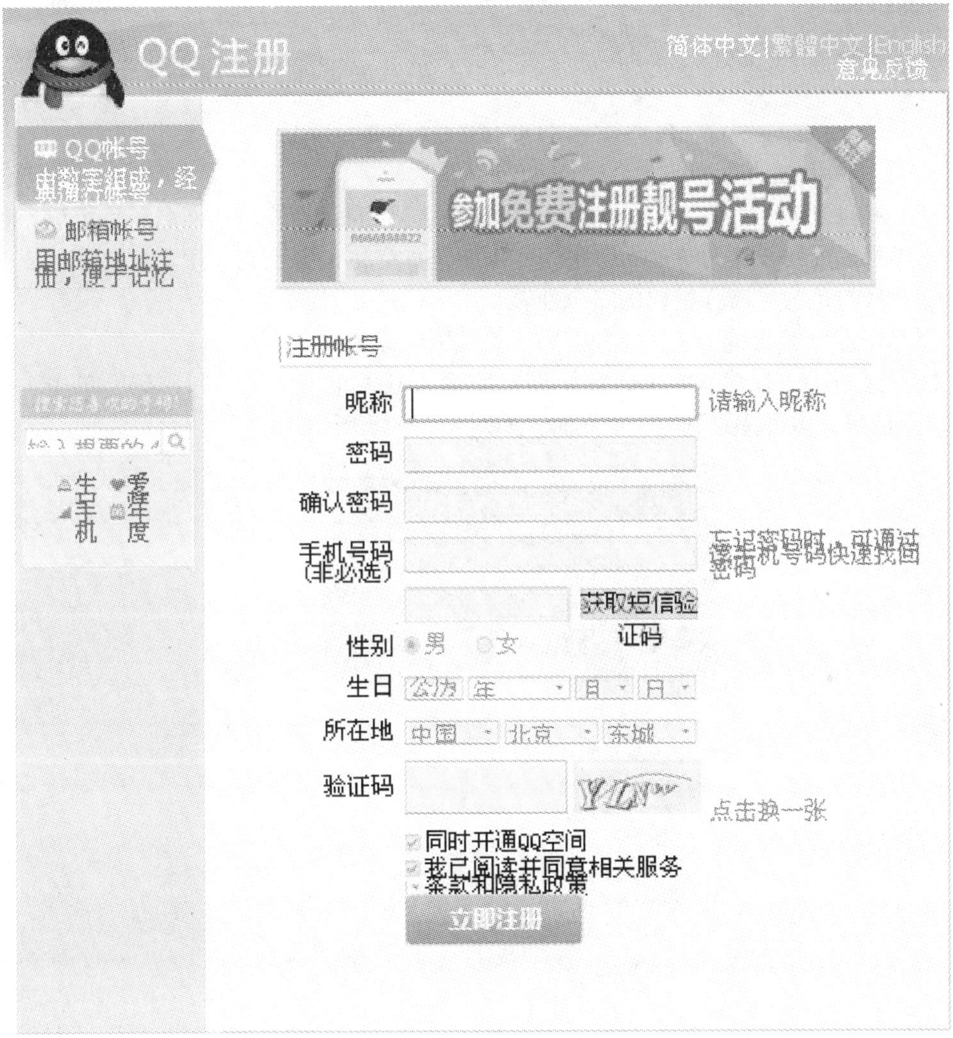

图 4 - 4 - 3　QQ 注册界面

（4）"确认密码"输入与上面设置完全相同的密码，这是为了避免密码错误的安全措施，按提示输入"生日"，再输入验证码，单击"立即注册"按钮，出现注册成功提示，如图 4 - 4 - 4 所示。

图 4 – 4 – 4　QQ 注册成功界面

（3）按注册项目填写信息，其中："昵称"即给自己取个 QQ 网名，也可以使用手机号，密码长度为 6~16 个字符，不能包含空格，也不能使用 9 位以下的纯数字，目的是为了增强密码的安全性。

（5）记录下获得的 QQ 号码和密码，关闭浏览器窗口。

（6）运行 QQ 程序，在 QQ 登录界面中输入获取的 QQ 号码和密码，单击"登录"按钮，即可登录到 QQ 主界面，如图 4 – 4 – 5 所示。

图 4 – 4 – 5　QQ 登录成功界面

※**提示**：如果想要增加安全性，可以开通手机号登录 QQ，如果 QQ 被盗或忘记 QQ 密码，可以通过手机短信重置密码。如果单击"登录 QQ"按钮，则会转到下载 QQ 界面。因为我们已经安装过 QQ 软件，所以直接关闭。

（7）单击 QQ 主界面下方的"查找"按钮，可以打开"查找联系人"对话框，如图 4 - 4 - 6 所示。

图 4 - 4 - 6　查找联系人

在查找输入框中输入朋友的 QQ 号或朋友昵称，单击"查找"按钮，找到你所需要添加的好友。当光标指向该好友时，会有"查看个人资料"、"向他打招呼"和"加为好友"三个圆形按钮。单击"加为好友"按钮，一般需要经过身份认证，并得到对方许可同意，才有可能成功添加好友。

3. 与 QQ 好友进行文字、图片、语音、视频交流

（1）添加好友以后就可以进行网络交流了。在 QQ 界面上打开"我的好友"列表，选择需要聊天的好友，双击好友头像，打开聊天对话框，如图 4 - 4 - 7 所示。

对话框分两部分，上面是聊天内容显示区，下面是聊天内容输入区。中间被一排聊天效果工具分离。在输入区输入内容，单击"发送"按钮，即可将聊天内容发送给对方，同时在聊天区显示出来。中间那排聊天效果工具，从左到右分别是：文字设置工具、聊天表情工具、魔法表情工具（通常只有会员才能使用）、向好友发送窗口抖动工具、语音消息、多功能辅助输入工具、发送图片工具、点歌工具（只有安装了 QQ 音乐软件才能正常使用）、屏幕截图工具等。

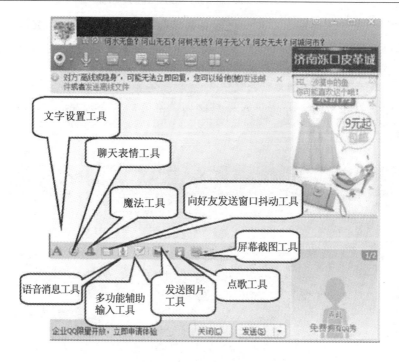

图 4 - 4 - 7   QQ 聊天对话框

（2）单击"发送图片"工具，弹出"打开图片"对话框，选择要发送的图片，单击"打开"按钮，即可将图片送入聊天输入区，单击"发送"按钮，即可将图片发送给对方。

※提示：在发送图片时，如果好友不在线或是隐身，则只能发送离线图片，并且图片大小不能超过 300KB。只有好友才能发送离线图片。

（3）在聊天对话框聊天内容区的上方也有一排工具按钮，从左到右分别是：视频对话工具按钮、语音会话工具按钮、传送文件工具按钮、创建讨论组工具按钮、远程协助工具按钮和应用工具按钮。

单击"传送文件"工具按钮，出现"发送文件/文件夹"、"发送离线文件"、"发送微云文件"和"传文件设置"功能供选择，选择"发送文件/文件夹"，打开"发送文件/文件夹"对话框找到要传送的文件，单击"发送"按钮，即可将文件传送给好友。

（4）单击"语音会话工具"按钮，等待对方接受邀请，如果对方同意，你跟好友可以实现语音对话聊天。

※**提示**：语音对话聊天的前提是双方都正确安装了声卡及驱动，并且设置正确。如果设置不正确，可以单击语音会话工具旁边的小三角按钮，选择检查"语音设置"或执行"语音测试向导"进行设置。新版本的 QQ 可以"发起多人语音"会话，也可以"发送语音消息"。

（5）单击"视频对话工具"按钮，等待对方接受邀请，如果对方同意，你跟好友可以实现对话聊天。

※**提示**：视频聊天的前提是双方都正确安装了视频摄像头及驱动和声卡及驱动，并且设置正确。如果设置不正确，可以单击视频对话工具旁边的小三角按钮，选择检查"视频设置"，然后执行"语音测试向导"进行设置。新版本 QQ 也可以"邀请多人视频会话"，可以"发送视频留言"，还可以"给对方播放影音文件"。

4. 对 QQ 环境进行设置
在申请到 QQ 号码的同时，QQ 很多内容也就等待我们去探索了，在 QQ 界面上有个图片，称为 QQ 头像，右键单击头像，可以选择"修改个人资料"、"更换头像"和"系统设置"。
为了网上交流安全，我们有必要对 QQ 环境进行相应的设置，选择"系统设置"，打开"系统设置"对话框。从对话框中可以看到"系统设置"包括"基本设置"、"安全设置"和"权限设置"三大类，如图 4 - 4 - 8、图 4 - 4 - 9、图 4 - 4 - 10 所示。

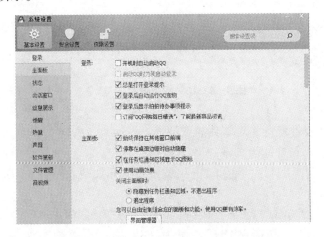

图 4 - 4 - 8　基本设置

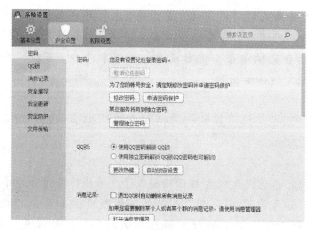

图 4 - 4 - 9   安全设计

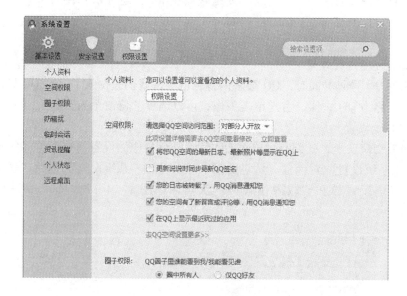

图 4 - 4 - 10   权限设置

5. 利用 QQ 邮箱给好友发送邮件和附件

（1）打开电子邮箱并阅读邮件。

1）单击腾讯应用工具栏"QQ 邮箱"按钮，打开如图 4 - 4 - 11 所示 QQ 邮箱开通向导。

2）输入验证码后单击"登录"按钮，进入"欢迎使用 QQ 邮箱"窗口，单击"立即开通"按钮，开通邮箱后，单击"进入我的邮箱"按钮，打开图 4 - 4 - 12 所示的 QQ 邮箱主界面。

图 4-4-11　开通 QQ 邮箱

图 4-4-12　QQ 邮箱主界面

从该界面可看出，有未读邮件。单击左侧窗格中的"收件箱"，左侧窗格列出邮件列表，其中未读邮件使用粗体字显示。

3）双击粗体字的未读邮件，进入邮件查看界面，可以查看邮件内容。

4）阅读完邮件，单击窗格中的"返回"按钮，可以返回到邮件列表页面，此时刚查看的邮件已恢复成正常字体，标识已经阅读过了。

　　※提示：在邮件列表窗格和显示邮件窗格中，上下各有一栏功能按钮。邮件列表窗格中的功能按钮包括"删除"、"彻底删除"、"转发"、"举报"、"全部标为已读"、"标记为"和"移动到"，邮件显示窗格中的功能按钮包括"返回"、"转发"、"删除"、"彻底删除"、"标记为"和"移动到"。

　　（2）书写并发送电子邮件。
　　在 QQ 邮箱主界面左侧上方窗格有三个主要功能："写信"、"收信"和"联系人"。其中"收信"可以将还未显示在收件箱中的邮件显示出来；"联系人"可以创建并管理邮件来往的通信录；而"写信"可以创作一封电子邮件。
　　1）单击"写信"链接，右侧窗格变为邮件创作界面，如图 4 - 4 - 13 所示。

图 4 - 4 - 13　邮件创作界面

　　通过邮件创作页面可以给收件人发送普通邮件、贺卡、明信片或视频邮件。
　　2）在"收件人"输入框中输入收件人的邮箱地址。
　　3）在"主题"输入框中为邮件命名一个主题，例如，我的第一封邮件。
　　4）在"正文"输入框中，可以输入邮件的具体内容。

5）单击"添加附件"按钮，可以打开"选择要上传的文件"对话框，找到并选择需要发送的文件，单击"打开"按钮，即可将文件加到附件中，随邮件一起发送给收件人。

※提示：（1）邮箱地址的格式。邮箱地址的格式为"邮箱账号"@"邮件服务器域名"，对了 QQ 用户，QQ 号码即为腾讯系统自动赋予的邮箱账号，腾讯的邮件服务器域名为 qq.com。

所以给 QQ 用户写信，收件人就填写 QQ 号@qq.com。当然也可以是非 QQ 账号的其他邮箱地址。

（2）邮件发送的方式。在附件中也可以添加照片和曾经上传过或未上传过的超大附件。收件人输入框中可以填写一个邮箱，也可以填写多个邮箱，邮箱之间用分号隔开，称为群发。同时向多个人发送同一邮件，还可采用分别发送、抄送和密送三种方式。分别发送是服务器独立地分别为每一个收件人发送邮件。抄送是指在发给收件人的同时还发给抄送的人，收件人与抄送人有主次关系，密送是指除了密送收件人外，其他收件人都不知道密送收件人也收到了邮件。

（3）管理使用个人空间。使用申请到的 QQ 号激活 QQ 空间，对 QQ 空间进行管理、设置和探索。

有很多人都通过博客创建自己的网络空间，这是因为 ISP 已在互联网上分配了一定的空间，并制作好了一些网页模板，经过简单的组合就可以实现靓丽的效果，节约了制作时间，简化了制作技术。

博客大多是可以免费使用的。通常情况下，在单一运营博客的网站中，直接使用账号登录就会进入自己的博客，空间通常也是这样。在综合性较强的门户网站上，通常可以在网站的导航栏中找到博客的入口。另外，在导航类网站中可以直接选择各类博客并登录。在百度、网易等网站中，一般也可以直接搜到个人空间，并可直接登录。

※提示：为适应不同的上网设备和环境，腾讯公司发布了多个 QQ 版本，其中包括在计算机上正常使用的 Android 版木，网页版的 WebQQ，简约清爽风格的 TM 版本等。

二、音乐欣赏

随着网络多媒体技术的迅猛发展，MP3 音乐也越来越流行。MP3 是一种音频文件格式，它采用 MPEG Audio Layer 3 技术制作，最大的优点就是压缩比率很高，可以将几十 MB 的音频数据压缩成原大小的 1/12。正是由于 MP3 音乐的这些优点，使得它可以在 Internet 上得到广泛传播。

1. 在线视听

现在，在许多网站上都提供 MP3 下载，通过它们，用户可以选择并下载自己想听的歌曲。其中，365 佳音网（http：//www. yymp3. com/）就是一个很好的站点，如图 4 – 4 – 14 所示。

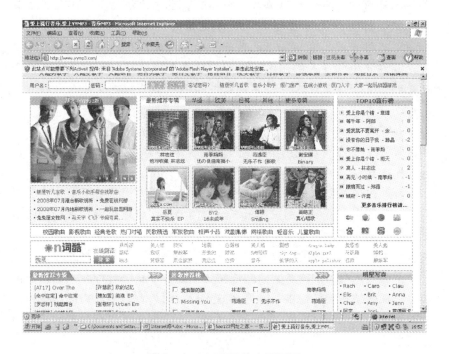

图 4 – 4 – 14   365 佳音网页面

在这里用户可以找到喜爱的歌曲，各种音乐应有尽有。

例：在线视听歌曲。

（1）选择"男歌手"→"林志炫"后，会出现"林志炫"的所有歌曲，如图 4 – 4 – 15 所示。

图 4 – 4 – 15　选择歌曲　　　　　图 4 – 4 – 16　在线试听

（2）选择歌曲，单击歌名，即可实现在线视听，如图 4 – 4 – 16 所示。

2. 音频播放软件千千静听

千千静听播放器是一款完全免费的音乐播放软件，集播放、音效、转换、歌词等众多功能于一身。因其小巧精致、操作简捷、功能强大的特点，深得用户喜爱，被网友评为中国十大优秀软件之一，并且成为目前国内最受欢迎的音乐播放软件，界面如图 4 – 4 – 17 所示。

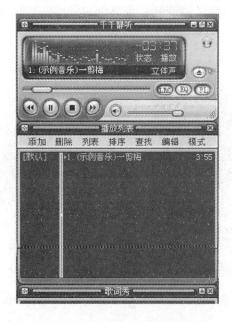

图 4 – 4 – 17　千千静听界面

千千静听最新版拥有自主研发的全新音频引擎，支持 DirectSound、Kernel Streaming 和 ASIO 等高级音频流输出方式、64 比特混音、AddIn 插件扩展技术，具有资源占用低、运行效率高及扩展能力强等特点。

千千静听支持几乎所有常见的音频格式，包括 MP/mp3PRO、AAC/AAC +、M4A/MP4、WMA、APE、MPC、OGG、WAVE、CD、FLAC、RM、TTA、AIFF、AU 等音频格式以及多种 MOD 和 MIDI 音乐，还有 AVI、VCD、DVD 等多种视频文件中的音频流，甚至支持 CUE 音轨索引文件。

3. 影视欣赏

正因为有了流式多媒体技术，用户还须配上相应的媒体播放器，这样才能真正欣赏到网络多媒体世界。目前常用的网络多媒体播放软件有暴风影音，Windows Media Player 等，下面对一些常用播放软件分别进行介绍。

（1）暴风影音播放器。

新增功能：高清媒体类型智能识别功能；智能支持 VC - 1 高清压缩格式的硬件加速功能；对所支持显卡和高清媒体文件的高清硬件加速开启提示；支持 BW10、GEO、pvw2、kdm4 等新媒体类型的播放。

优化功能：修改了 AVI 分离器，对 MJPG 类型文件支持更加完善；优化了 MEEDB 专家媒体库，播放更加智能；解决了几个高清硬件加速播放的 Bug；更新了 CoreAVC 解码器，优化了 Windows 2000 系统下的 H. 264 格式的播放；更新了 hkh4 解码器至新版，解决了原有解码器的 Bug；更新了 Haali 解码器至新版，解决了原有解码器的 Bug。界面如图 4 - 4 - 18 所示。

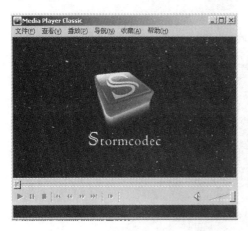 

图 4 - 4 - 18　暴风影音播放器界面　　图 4 - 4 - 19　Windows Media Player 播放器界面

（2）Windows Media player 播放器。Windows Media player 是一种通用的多媒体播放器，可用于播放当前流行格式制作的音频、视频和混合型多媒体文件。

在 Windows XP 中内置了 Windows XP Media Player8.0，如图 4 - 4 - 19 所示。用户还可以使用 Microsoft Windows Media Player 播放和组织计算机和 Internet 上的数字媒体文件。Microsoft Windows Media Player 把收音机、视频播放、CD 播放机和信息数据库等都装入了一个应用程序中。使用 Windows Media Player，用户可以收听世界各地电台的广播、播放和复制用户的 CD、查找在 Internet 上提供的视频，还可以创建计算机上所有数字媒体文件，并且可以为一些便携式的媒体播放设备，如 MP3、CD 随身听等复制文件。

用户可以根据自己的喜好配置 Windows Media player。例如，用户可以指定在计算机上存储数字媒体文件的位置，添加或删除可视化效果集，或者选择从 CD 复制的音频文件的音质。

更改设置时播放机应处于完整模式下，选择"工具"→"选项"命令，打开"选项"对话框，再单击用户所需的选项卡，然后根据需要更改设置。或者如果播放机处于外观模式下，右击播放器后单击"选项"，再单击用户所需的选项卡，然后根据需要更改设置。

1）"播放器"选项卡。用户在菜单栏中单击"工具"→"选项"命令，打开"选项"对话框。然后在"播放器"选项卡中进行设置即可。

使用"播放器"选项卡用户可以设置以下选项：指定 Windows Media Player 检查更新版本的频率，自动下载更新的编码解码器，建立 Internet 标识、许可证和连接设置，更改 Windows Media Player 在打开时所显示的功能。

2）"复制音乐"选项卡。选择"工具"→"选项"命令，然后在"选项"对话框单击"复制音乐"标签，打开使用"复制音乐"选项卡，用户可以设置以下选项：更改 CD 曲目的存储位置；指定是以 Windows Media 格式还是以 MP3 格式（如果可用）将曲目复制到用户的计算机上；保护从 CD 复制的曲目不会被非法分发、复制和共享，指定以 Windows Media 格式复制音乐的音质，以及指定从 CD 复制音频文件时存储音频文件的位置。默认情况下，用户的文件将被存储在 My Music 文件夹中。

4. 网上影院

随着宽带的渐渐普及，网上也出现了越来越多的网上影院。用户通过上网在线欣赏电影，不但可以节省去电影院的开支，而且可以自主选择电影内容。例如"阳光在线影院"网站，用户只需单击想看的电影名称即可在线观看，如图 4 - 4 - 20 所示。

图 4 – 4 – 20　在线影院页面

任务小结

在本任务中，详细介绍了目前最流行的聊天工具（QQ）的功能和特点以及如何利用网络欣赏音频、视频文件。从而使很多人在工作之余，通过网络娱乐放松休闲。

上机实训　QQ 的应用

根据所学内容，使用 QQ 跟好友进行聊天、发送手机短消息。

任务五　在线学习和求职

 任务说明

本任务主要介绍通过网络在线学习、查找学习资料以及网上求职等内容。

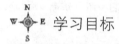 学习目标

➢掌握如何在线学习。
➢掌握如何网上考试。
➢掌握如何网上求职。

 知识要点

➢网上学习。
➢网上考试。
➢网上求职应聘。

 任务实施

一、在线学习

随着网络技术的发展，在线学习也渐渐地进入人们日常的生活学习中。在线学习的优势在于能上网就能学习，不受时间、地点的约束，而且能把优秀教师的课件在网络中传播，这样就会让更多的学生有机会得到更好的教育。另外在线学习还能体现出相对完善的个性化服务。

例：在中华网上练习英语听力。

（1）在 Internet Explorer 地址栏中输入中华网网址 http：//edu. china. com/，进入中华网教育频道，如图 4 - 5 - 1 所示。

图 4 - 5 - 1　中华网教育频道　　　图 4 - 5 - 2　"每日一听"页面

（2）单击标题栏中的"英语在线"超链接，在如图 4 - 5 - 2 所示的页面中单击"每日一听"超链接。

二、网上考试

网上考试也是随着网络的发展才兴起的，考试与网络的结合，不仅增加了考试的形式，而且使考试不再充满严肃紧张的气氛，使用户能发挥更好的水平。

三、资格认证考试

目前各种资格认证考试比较热门，用户都希望能顺利地通过资格认证考试，为就业、择业等增加砝码。所以网上提供了多种资格认证考试的历年试题，帮助用户复习和提高。

四、在线考试

在线考试就是在网上将考试试题调出来后，在规定的时间内将试卷做完，并将答案结果通过 Internet 传给远方的考试中心或有关机构的一种考试形式。

例：在洪恩网上进行大学六级听力考试。

（1）在 Internet Explorer 地址栏中输入 http：//www. hongen. com/eng/index. htm，进入洪恩在线页面，如图 4 - 5 - 3 所示。

（2）单击"在线考场"超链接，打开如图 4 - 5 - 4 所示页面。

图4-5-3　洪恩在线页面　　　图4-5-4　在线考场页面

（3）选择"大学六级听力（十五）"单选按钮，进入如图4-5-5所示页面，单击"开始"按钮，做完以后单击"交卷"按钮即可。

图4-5-5　试题页面　　　图4-5-6　成绩单页面

（4）考试成绩很快就会出来，并且系统给出了正确答案进行对比，如图4-5-6所示。

五、在线查找留学信息

出国留学是不少学子的梦想。现在用户可以通过 Internet 了解留学信息、学校与专业介绍等信息，为出国留学做好充分的前期准备。

出国留学不是儿戏，所以用户一定要详细了解留学的相关知识。目前网上提供了很多这类信息，用户可以通过上网详细了解这些相关知识。

例：利用新浪网了解留学相关知识。

（1）在 Internet Explorer 地址栏中输入新浪网址，打开新浪主页，如图4-5-7所示。单击"出国"超链接。

（2）在如图4-5-8所示页面中，单击"移民留学权威机构"超链接。

（3）在如图4-5-9所示的页面中，网站提供了各国移民、留学常识等信息，用户可以在此对出国留学有一个详细的了解。

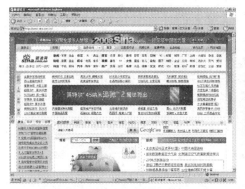

图4-5-7　新浪主页

图4-5-8　出国机构页面

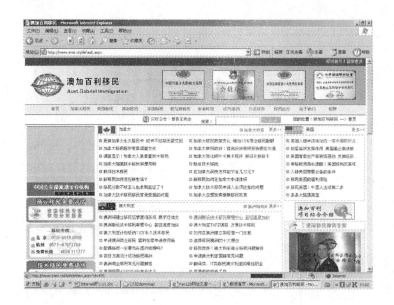

图4-5-9　出国留学详细信息

六、网上求职

随着网络技术的发展，网上求职也迅速地发展起来。网上求职具有方便快捷、覆盖面广、针对性强、成功率高等突出优点。

1. 在线编写个简历

就像在人才市场上求职一样，上网求职同样要准备好个人简历。

例：在海南在线网站在线填写个人简历。

（1）在 Internet Erplorer 地址栏中输入海南在线网址 http：//job. hainan. net/，
打开网站主页，如图 4 – 5 – 10 所示。

（2）在会员登录栏中输入用户申请的用户名和密码，打开个人应聘页面。
如果用户还没申请，单击"个人注册"超链接，注册个人信息。

图 4 – 5 – 10　海南在线主页　　　　　图 4 – 5 – 11　注册页面

（3）单击如图 4 – 5 – 11 所示的"我接受"进入填写信息页面。

（4）在如图 4 – 5 – 12 所示的页面填写相应信息。

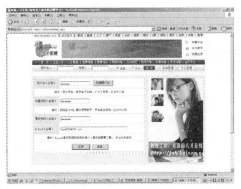

图 4 – 5 – 12　填写注册信息　　　　　图 4 – 5 – 13　修改信息

（5）最后，就注册成功了。

（6）想要修改信息可直接登录后进行修改，如图 4 – 5 – 13 所示。

2. 探索求职信息

填写完简历后，一个重要的步骤是探索求职信息。

例：在海南在线的网站搜索求职信息。

（1）如图 4 - 5 - 14 所示，在"选择地点"下拉列表框中选择工作地点。

图 4 - 5 - 14　选择工作地点　　　　图 4 - 5 - 15　设置职位信息选项

（2）在打开的网页中找到"请选择职能/职位"、"请选择行业"等下拉列表框，如图 4 - 5 - 15 所示。选择完毕后，单击"搜索"按钮即可。

（3）在打开的招聘窗口中列出了各招聘公司及职位名称等信息。

（4）单击"印尼富汇国际集团有限公司海南代表处"超链接，查看公司职位具体信息，如图 4 - 5 - 16 所示。

图 4 - 5 - 16　职位具体信息

3. 投放简历

搜索到合适的职位后，下一步就是投放简历了。

 任务小结

在本任务中，我们通过实例介绍了网络在学习和求职方面的应用。通过网络，用户可以亲身体验到网上学习的乐趣，感受到一种自由、休闲的学习环境。网上求职平台缩短了应聘者与企业间的距离，节省了时间，提高了效率。

上机实训　网上学习

根据课本上所学的内容，练习在新浪网上查找新加坡方面的一些留学信息和在洪恩网上进行英语测试。

第五部分

办公自动化设备的使用与维护

任务一　打印机的安装使用与维护

 任务说明

随着计算机技术的不断发展，打印机作为办公自动化中重要的输出设备，其应用范围也不断扩展。无论是在家庭、工厂、办公室还是学校，到处都能看到打印机的身影。用户可以用它打印文件、信函、照片、图片等。本任务的学习是使学生对打印机的分类、特点、维护有一定的了解，能熟练掌握打印机安装的方法。

 学习目标

➢了解掌握打印机的基础知识。
➢掌握打印机的安装方法。
➢熟练掌握打印机的使用和维护。

 知识要点

➢打印机的安装。
➢连接打印机和计算机。
➢打印机的使用和维护。

 任务实施

一、本地打印机的安装方法

（1）单击"开始"→"设置"→"打印机和传真"。

（2）双击"添加打印机"。

（3）单击"下一步"。

（4）选择"本地打印机"，取消"自动检测……"然后单击"下一步"。

（5）请选择您打印机要使用的端口。如果端口不在列表中，您可以创建新端口，如图 5 - 1 - 1 所示。

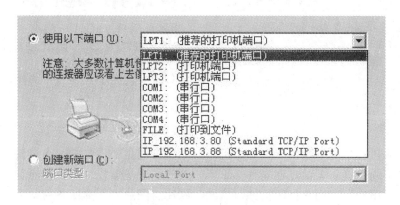

图 5 - 1 - 1　选择端口

（6）请选择您的打印机厂商和打印机的型号，如果您的打印机的型号在列表中没有，请单击"从磁盘安装"，然后选择驱动程序的位置，找到打印机型号后单击"下一步"，如图 5 - 1 - 2 所示。

图 5 - 1 - 2　选择厂商和型号

（7）为打印机指定名称，一般都视为默认，单击"下一步"。

（8）系统询问您"是否把打印机设置为共享"，默认视为不共享，单击"下一步"。如果要共享这台打印机，您必须键入一个共享名，单击"下一步"。

（9）可以选择是否打印测试页来判断打印机的安装是否正确，单击"下一步"。

（10）最后单击"完成"，结束打印机的安装。

二、网络打印机的安装方法

1. 通过添加网络打印机添加网络共享打印机的步骤

（1）单击"开始"→"设置"→"打印机和传真"。

（2）双击"添加打印机"。

（3）单击"下一步"。

（4）选择"网络打印机"，然后单击"下一步"。

（5）选择"连接到这台打印机"（请按照以下格式输入：\\ 主机名 \ 打印机共享名），然后单击"下一步"，如图 5 - 1 - 3 所示。

图 5 - 1 - 3 连接网络打印机

（6）最后单击"完成"，结束打印机的安装。

2. 通过网上邻居添加网络共享打印机的步骤

（1）在网上邻居中找到服务器，如图 5 - 1 - 4 所示。

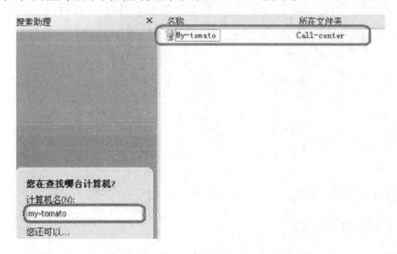

图 5 - 1 - 4 通过网上邻居查找

（2）双击服务器中共享出来的打印机图标，完成对网络共享打印机的添加。

3. 通过安装光盘直接安装共享打印机的步骤

（1）运行安装光盘，单击"下一步"。

（2）选择"进行客户机服务器打印的客户机设置"（不同的安装程序描述稍有不同），如图 5-1-5 所示。

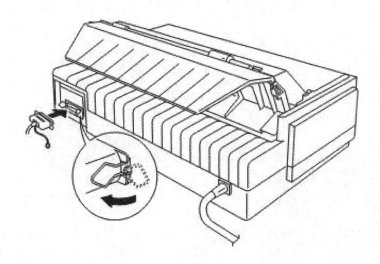

图 5-1-5　光盘安装步骤

（3）输入端口名（请按照以下格式输入：\\ 主机名 \ 打印机共享名）。

图 5-1-6　连接打印机和计算机

（4）选择相应的打印机型号，然后按照提示完成对打印机的安装。

三、连接打印机和计算机

如果自检打印正常，您可以开始把打印机连接到计算机上。使用 36 针电缆将计算机连接到您的打印机的内置并行接口上。按照下列步骤：

（1）关闭计算机和打印机电源开关。

（2）将并行电缆插头连接到打印机的并行接口连接器。

（3）将固定用的钢丝扣，扣向内侧，使插头固定在连接器的两侧，如图 5 - 1 - 6 所示。

※提示：如果在电缆的末端有地线，将其连接到接口下面的地线连接器上。将电缆线的另一端插入计算机（如果在电缆线的末端有地线，将其连接到计算机背面的地线连接器上）。

四、打印机的使用

1. 针式打印机的使用（以 EPSON LQ - 1600KIII 为例）

控制面板上的指示灯用于指示打印机目前的状态，操作键可控制打印机各种设定值，如图 5 - 1 -7 所示。

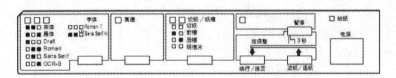

图 5 - 1 - 7　控制面板

（1）指示灯。

1）缺纸（红色）。当打印机无纸或卡纸时此灯亮。

2）暂停（橙色）。当打印机没有准备好收到打印数据、纸用尽、夹纸或者您按下暂停键来暂停打印时此灯亮。当使用微调整功能或打印头太热时，此灯闪烁。

3）切纸/纸槽（双灯、绿色）。切纸/纸槽选择状态由双灯显示：如图 5 - 1 -8 所示。

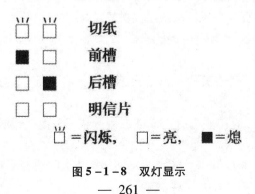

图 5 - 1 - 8　双灯显示

※提示：（1）当连续纸不在切纸的位置时，双灯为熄。

（2）在卡片模式下，可打印明信片。

4）字体（三灯，绿色）。控制面板上的三个字体指示灯显示字体选择状态。

5）高速（绿色）。按下高速键选择高速方式时，此灯亮。

（2）操作键。

1）电源。按下该键可打开或关闭打印机。

2）暂停。按下该键可暂时停止打印或恢复打印。按下该键不少于 3 秒钟可启动微调整功能，再次按下该键则取消此功能。

3）进纸/退纸。按下此键可使单页纸或连续纸进纸到装入位置，但打印机一般情况下自动进纸。如果单页纸已装入位置，按下此键可退出此页纸，如果连续纸在装入位置或切纸位置上，按下此键可反向进纸到备位位置。

4）换行/换页。短暂按下此键可使打印纸换行。按住该键可以退出一页单页纸或使连续纸走到下一页的顶部。您也可以使用此键使打印机从单页纸送纸器中装纸，或把连续纸从打印备位位置进纸到装入位置。

5）字体。按下此键可选择以下字体：宋体、黑体、Draft、Roman、Sans Serif 、OCR – B、Roman – T、Sans Serif H。

6）高速。按下该键可选择高速打印方式。缺省设定值中的高速模式为关时，可实现 2 倍高速打印。高速草体方式为开时，可实现 3 倍高速中文打印。

2. 喷墨打印机的使用（以 EPSON 为例）

（1）开机。

1）有开关键的按开关键。

2）无开关键的直接插上电源。

（2）安装墨盒。要注意，CANON 的有些机型是在关机状态下换墨的。

（3）装纸。将适当数量和质量合格的纸放在送纸器中。通常状态下打印机接到打印命令后会自动进纸。按下进纸键也可让纸张进入预备打印位置。有些打印机的进纸方式较多，如 EPSON MJ1500K、SC1520K。它既可以在上部放单页纸，也可以在下部放多页纸，还可以从后面进连续纸。

（4）自检。不同品牌、不同机型的自检方法不完全一样，打印出的自检样张内容也不一定相同。

1）CANON 打印机一般在开机状态下自检，如 BJC – 6500，按进纸键，听到响两声后松开。

2）EPSON 打印机一般在关机后，按进纸键开机，3 秒（或听到打印机有动静）后松开。

3）EPSON SC800、MJ1500K、SC1520K 则是按黑清洗键或彩清洗键开机。

（5）清洗打印头。EPSON 打印机打印头清洗，多数是按清洗键 3 秒钟。EP-SON MJ1500K、SC1520K 是：先按暂停键，使暂停灯亮，然后同时按下切换键和黑墨键清洗黑头，同时按下切换键和彩墨键清洗彩头。

CANON 打印机不同机型之间清洗打印头操作的差别更大些。具体操作以说明书为准。这里仅以 BJ－10EX 为例予以介绍：先按住面板上的 FWDADJ 键、REVADJ 键，然后按下 POWER 键，当打印机蜂鸣器鸣叫时，松开 POWER 键。当蜂鸣器再次鸣叫时，再松开 FWDADJ 键和 REVADJ 键，这时 LINE 指示灯开始闪烁，表示清洗在进行中。待打印机停止以后清洗工作结束。

3. 激光打印机装入打印纸

（1）通用送纸盒操作步骤：

步骤一：打开通用送纸盒，如图 5－1－9 所示。

步骤二：根据装入的打印纸拉出托纸架，如图 5－1－10 所示。

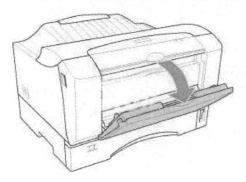

图 5－1－9　步骤一

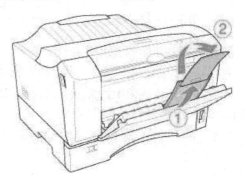

图 5－1－10　步骤二

步骤三：在捏紧纸导轨锁定钮的同时向外滑动纸导轨，如图 5－1－11 所示。

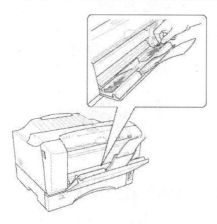

图 5－1－11　步骤三

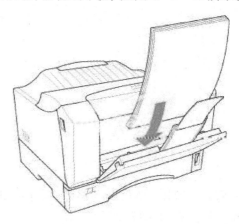

图 5－1－12　步骤四

步骤四：将一叠打印纸，可打印面朝下装在送纸盒的中心位置，如图 5 – 1 – 12 所示。

步骤五：捏紧纸导轨锁定钮的同时滑动侧面的纸导轨使其靠着纸叠的右侧，如图 5 – 1 – 13 所示。

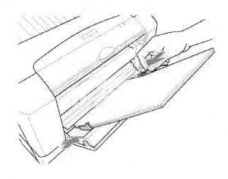

图 5 – 1 – 13　步骤五

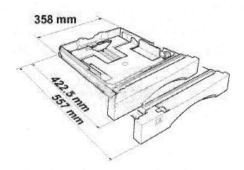

图 5 – 1 – 14　扩大送纸盒

（2）底部送纸盒操作步骤：

可以如图 5 – 1 – 14 所示，通过扩大底部送纸盒来装入各种尺寸的打印纸。

步骤一：轻轻地向上抬起底部送纸盒的同时向外拉出送纸盒，如图 5 – 1 – 15 所示。

步骤二：取下底部送纸盒盖，如图 5 – 1 – 16 所示。

图 5 – 1 – 15　步骤一

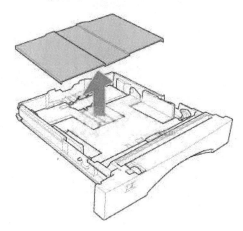

图 5 – 1 – 16　步骤二

步骤三：当装入 A3，B4 或 LGL 尺寸打印纸时，调整纸盒尺寸以适应装入的打印纸，如图 5 – 1 – 17 所示。

步骤四：打开固定夹，然后向外滑动纸导轨，如图 5 – 1 – 18 所示。

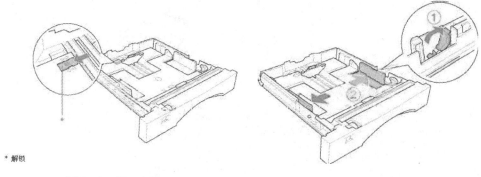

* 解锁

图 5 - 1 - 17　步骤三　　　　　　　图 5 - 1 - 18　步骤四

步骤五：在捏紧纸导轨固定钮的同时向外滑动纸导轨，如图 5 - 1 - 19 所示。

步骤六：将一叠需要的介质可打印面朝上装在纸盒的中心位置。然后，捏紧导轨锁定钮的同时滑动导轨使其靠着打印纸的边缘，如图 5 - 1 - 20 所示。

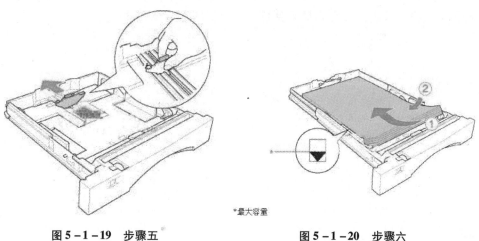

*最大容量

图 5 - 1 - 19　步骤五　　　　　　　图 5 - 1 - 20　步骤六

步骤七：滑动侧面纸导轨使其靠着打印纸，然后合上固定夹，如图 5 - 1 - 21 所示。

步骤八：放回底部送纸盒盖，如图 5 - 1 - 22 所示。

步骤九：将打印纸尺寸调节杆调节至与打印纸大小匹配的位置，如图 5 - 1 - 23所示。

出纸器位于打印机的顶部。因为打印输出是面朝下，此出纸器也称为面朝下出纸器。此出纸器最多可托住 250 页纸。延伸托纸架可防止打印输出从打印机上滑落。

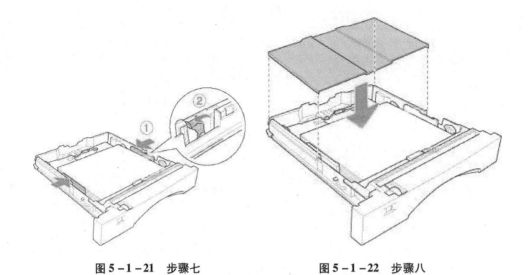

图 5 - 1 - 21　步骤七　　　　　　　　图 5 - 1 - 22　步骤八

步骤十：将底部送纸盒重新插入到打印机，如图 5 - 1 - 24 所示。

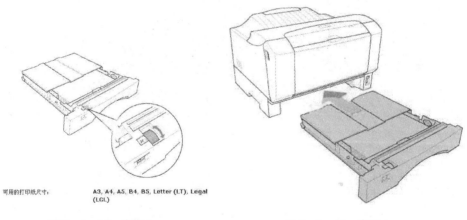

可用的打印纸尺寸：　　A3, A4, A5, B4, B5, Letter (LT), Legal (LGL)

图 5 - 1 - 23　步骤九　　　　　　　　图 5 - 1 - 24　步骤十

如果打印输出长于出纸器，拉出出纸器延伸托纸架。

五、打印机的维护

1. 针式打印机

（1）保证打印机正常工作的环境。针式打印机工作的正常温度范围是10℃ ~ 35℃（温度变化会引起电气参数的较大变动），正常湿度范围是 30% ~80%，工作环境应保持相当的清洁度，打印机应远离电磁场振源和噪音。

（2）注意电源的使用。针式打印机的电源要用 AC220±10%、50Hz 的双相三线制中性电，尤其要保证良好的接地（接地电阻4欧姆），以防止静电积累和雷击烧坏打印通信口等，并注意插拔信号电缆时，要关掉打印机和主机的电源，避免带电插拔。

（3）要保持清洁。用在稀释的中性洗涤剂（尽量不要使用酒精等有机溶剂）中浸泡过的软布擦拭打印机机壳，以保证良好的清洁度；定期用真空吸尘器清除机内的纸屑、灰尘等脏物，用软布擦拭打印头字车导轨并抹适量的润滑油（如缝纫机油、钟表油等），以减少打印头字车的摩擦阻力，防止字车导轨变形，减缓字车电机线圈老化造成电机输出功率下降（打印过程中头字车的初始位置右移不是由于输出下降造成的）。同时要注意，在打印机开机过程中，不能用手拨动打印头字车，不要让打印机长时间地连续工作。

（4）要选择高质量的色带。色带是由带基和油墨制成的，高质量的色带带基没有明显的接痕，其连接处是用超声波焊接工艺处理过的，油墨均匀；而低质量的色带带基则有明显的双层接头，油墨质量很差。定期检查色带，发现色带起毛后就不要再使用，应及时更换新的色带。因为色带一旦破损会剐断打印针。

（5）定期清洗打印头。打印头是打印机的关键部件，因此使用者要加倍爱护。一般说来，打印头每打印5万字或使用3个月以上就要清洗一次，方法是拆下打印头的固定螺钉，取下打印头，将打印头前端 1～2cm 处在95%无水酒精中浸泡5分钟后，再用小毛刷清洗针孔，洗净后取出晾干，重新装上即可。注意调整纸厚调节杆，保持打印针与打印胶辊间的适当距离。

（6）应尽量减少打印机空转。许多用户在实际工作中，往往打开主机即开打印机，这既浪费了电力又减少了打印机的寿命，故用户最好在需要打印时再打开打印机。

（7）要尽量避免打印蜡纸。因为蜡纸上的石蜡会与打印胶辊上的橡胶发生化学反应，使橡胶膨胀变形。另外石蜡也会进入打印针导孔，易造成断针。同时要注意定期用蘸有中性洗涤剂的软布擦洗打印胶辊，以保证胶辊的平滑，延长胶辊和打印头的寿命。

（8）不用打印机时，要关掉电源，以免缩短打印机的寿命。

2. 喷墨打印机

（1）不经常使用的喷墨打印机，每星期至少开机一次，以免打印头因干枯而堵塞。

（2）用喷墨打印机的环境最忌灰尘，要保持清洁的打印工作环境，同时打印纸务必保持表面无尘、干燥，否则灰尘进入机内极易使打印头堵塞。因此，请一定要养成定期清洗打印头的习惯。

（3）喷墨打印机应在温度适宜的环境中使用。在低温干燥的环境下，机械部分的运转会因润滑油的凝固而出现不顺畅。

（4）打印机内必须保证安装有充足墨水的墨盒，墨盒无墨后，即使不使用也应立即更换，否则打印头会在空气中干枯而堵塞。

（5）墨盒一旦装机，不要轻易将其取下后再装入，因为取下墨盒会使空气进入墨盒的出墨口，再装机后这部分空气会被吸入打印头而使打印出现空白，并对打印头造成严重的损坏。

（6）墨盒的放置：墨水是液体，流动性是其属性之一，即使在海绵与墨水亲和力的作用下，也不能改变它的流动，尤其在运输震动的情况下更难避免，故墨盒宜正置，即喷嘴朝下，切忌倒置，这样易导致喷嘴处墨水不充足，影响初上机时的打印效果。

（7）打印机在连续打印 1 小时后，应休息 15 分钟，以保证打印效果及延长打印机的寿命。

（8）一定要先关机后断电，一旦出现正常断电，请及时让打印头回复到停机待命位置，以避免打印头喷嘴干枯造成堵头而形成永久伤害。

（9）如出现异常情况，请不要让打印机继续工作，按一般处理方法，仍不能解决，请找有关专业人员处理。

（10）打印机在运输过程中，需使墨盒归位并妥善包装，运输中要保持水平，防止挤压碰撞及倒置。

3. 激光打印机

（1）拆卸打印机。

1）准备工作：关闭打印机的电源开关，拔去打印机电源线，关闭打印机出纸器。请不要带电拆卸打印机，在打印机出现故障时，有可能产生激光泄漏；此外打印机内部有高压电，带电操作有可能受到伤害。

2）打开顶盖：端平打印机上方前部的顶盖，向上旋转到位将其打开。当顶盖向上旋转到位时，能听到打印机内部右侧锁定支撑的"咔嗒"声响。

3）取出感光鼓：用两手食指钩住感光鼓前沿两边的手柄，轻轻向上拉，将感光鼓取出。感光鼓为黑色，从取出方向看，圆柱形的墨粉盒嵌在感光鼓后侧的卡槽中，墨粉盒本体为白色，右侧有一浅蓝色的手柄。

4）抽出墨粉盒：将感光鼓平置，向前旋转感光鼓右后侧墨粉盒上的手柄关闭墨粉窗，直到转不动为止。而后沿感光鼓的后侧卡槽，将墨粉盒向右沿水平方向平拉，抽出墨粉盒。

5）拆除定影器：联想 LJ6P + 激光打印机定影器采用烘干后用压力棍加压固

定的方式，定影器在顶盖前沿，用十字螺丝刀拧下定影器右侧的螺丝并略向右移，向上取下定影器。

※提示：（1）刚使用后的打印机定影器温度较高，注意不要被烫伤。

（2）如果定影器不脏，建议不要取下定影器。

（3）从上向下看定影器上有三颗螺丝，请不要卸下定影器前侧的两颗螺丝。

（4）定影器上有几条电路连线与主机相连，不必取下即可以打扫，建议不要取下电路连线。

（2）清洁维护。

1）外部除尘：外部除尘可使用拧干的湿布擦拭。如果外表面较脏，可使用中性清洁剂。但不能使用挥发性液体（如稀释剂、汽油、喷雾型化学清洁剂）清洁打印机，以免损坏打印机表面。

2）内部除尘：内部除尘的主要对象有齿轮、导电端子、扫描器窗口和墨粉传感器。内部除尘请用柔软的干布擦拭，齿轮、导电端子可以使用无水乙醇。但请注意扫描器窗口不能用手接触，也不能用酒精擦拭。

3）感光鼓及墨粉盒除尘：感光鼓及墨粉盒可用油漆刷除尘，但注意不能用坚硬的毛刷清扫感光鼓表面，以避免损坏感光鼓表面膜。

4）清洁主电晕丝：联想 LJ6P 激光打印机自带主电晕丝，该清洁卡扣在感光鼓底部的主电晕窗口边缘，在主电晕窗口上来回移动清洁卡扣即可清除主电晕丝上的残余墨粉。清洁完毕请将清洁卡扣归位。

5）维护感光鼓：如果打印机使用时间较长，打印口模糊不清、底灰加重、字形加长，大多是感光鼓表面膜光敏性能衰退导致。用脱脂棉签蘸三氧化二铬（化工试剂商店有售）沿同方向轻轻、均匀、无遗漏地擦拭感光鼓表面，可使大多数感光鼓表面膜光敏性能恢复。擦拭时若用力过重，损坏感光鼓表面膜会导致感光鼓报废，感光鼓价格很高，请用户特别注意。

6）废粉回收：如墨粉用尽，有些打印机可将废粉仓的墨粉回收，装入墨粉盒，一般可再打印几百页。

 任务小结

本任务主要介绍有关打印机的基础知识，了解打印机的分类和特点，掌握打印机的安装方法，正确使用打印机应该注意的事项，掌握打印机维护的基本技能。

上机实训　打印公司海报

在教师机上安装打印机，让学生来设置安装网络共享打印机并进行打印测试，然后将"第一部分 Word2010 在现代办公中的应用"中"任务十"所制作的公司海报打印出来。

※提示：（1）打印机的属性设置。

（2）怎样处理打印机卡纸。

（3）怎样装入打印纸。

任务二　扫描仪的安装使用与维护

 任务说明

　　扫描仪是一种计算机外部仪器设备，通过捕获图像并将之转换成计算机可以显示、编辑、储存和输出的数字化输入设备。照片、文本页面、图纸、美术图画、照相底片、菲林软片，甚至纺织品、标牌面板、印制板样品等三维对象都可作为扫描对象，提取并将原始的线条、图形、文字、照片、平面实物转换成可以编辑及加入文件中的装置。本任务的学习是使学生对扫描仪的分类、工作原理以及维护有一定的了解，能熟练掌握扫描仪的基本操作。

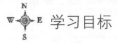 学习目标

➢ 了解掌握扫描仪基础知识。
➢ 熟练掌握扫描仪的操作步骤。
➢ 掌握扫描仪的维护。

 知识要点

➢ 扫描仪驱动程序的安装。
➢ 扫描仪的正确使用。
➢ 扫描仪的维护。

 任务实施

一、扫描仪驱动程序的安装

（1）将紫光扫描仪光盘插入光驱，将自动打开安装界面，如果系统不支持

光盘自动运行，请单击任务栏上的"开始"→"运行"，键入"DRIVER：
AUTORUN"即可（此处"AUTORUN"为光盘盘符）。出现如图 5 - 2 - 1 所示的
页面，用鼠标单击"扫描仪驱动程序"，将自动进行驱动程序的安装。

图 5 - 2 - 1　光盘主页面

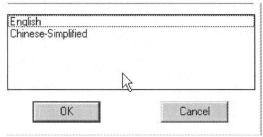

图 5 - 2 - 2　选择安装语言

　　（2）首先选择安装语言（下面以简体中文为例），请选择"Chinese Simpli-
fied"后，单击"OK"按钮，如图 5 - 2 - 2 所示。
　　（3）接下来出现"欢迎"界面，请单击"下一步"按钮后继续。
　　（4）选择所要安装路径后单击"下一步"按钮继续，如图 5 - 2 - 3 所示。

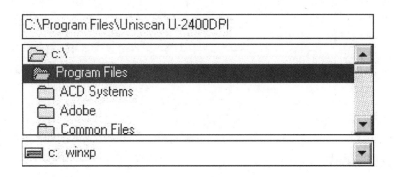

图 5 - 2 - 3　选择安装路径

　　（5）请选择想要的安装方式，然后单击"下一步"按钮继续，如图 5 - 2 - 4
所示。

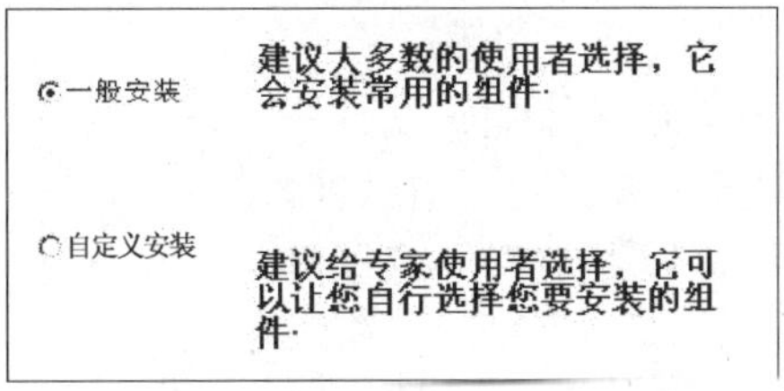

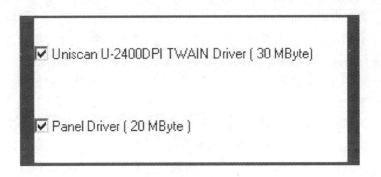

图 5 – 2 – 4　选择安装方式

（6）如果您选择的是自定义安装，请选择您要安装的组件，如图 5 – 2 – 5 所示。

※提示：（1）为使您顺利安装驱动程序，请务必选择安装 "Uniscan U – 2400DPI Twain Driver" 选项。

（2）为保证扫描仪上按钮功能的正常使用，请务必选择安装 "Panel Drier" 程序，除非您不需要使用按钮功能。

☑ Uniscan U-2400DPI TWAIN Driver (30 MByte)

☑ Panel Driver (20 MByte)

图 5 – 2 – 5　选择安装组件

（7）请选择加入程序组的文件夹名称后单击 "下一步" 按钮继续。

（8）确认所需的安装组件后单击 "开始安装"。

（9）显示安装成功后单击 "确定" 按钮完成驱动程序的安装。

（10）驱动程序安装完成后，必须重新启动计算机，让系统进行配置更新，然后再连接上扫描仪。

二、扫描仪一般的操作步骤

（1）放好扫描仪，插上电源和 USB 线。

（2）把要扫描的材料放在扫描仪的玻璃台面上，盖上盖子。

（3）运行扫描软件，并按一下"扫描"键。

（4）扫描仪就将图像扫描到图像编辑软件中，而且能以文件格式存储。为了得到最佳的扫描效果，需要了解影响扫描质量的因素。

三、扫描仪的使用和维护

1. 扫描仪的使用

扫描仪是一种比较常用的办公设备，我们如何避免使用时对机器本身的伤害，尽量延长其使用寿命，是非常重要的。这就要求办公人员在日常的使用过程中，讲究使用的方法和技巧，现将一些注意事项介绍如下：

（1）扫描仪应摆放在平整、震动较少的地方，这样步进电机运转时不会有额外的负荷，可以保证达到理想的扫描仪垂直分辨率。

（2）务必保持扫描仪玻璃的干净和不受损害，因为它直接关系到扫描仪的扫描精度和识别率；如果上面有灰尘，最好能用我们平常给照相机镜头除尘的镜头纸清除。

（3）把要扫描的图像摆放在扫描起始线的中央，可以最大限度地减少由于光学透镜导致的失真。

（4）由于扫描仪的最高分辨率是由插值运算得到的，用超过扫描仪光学分辨率的精度进行扫描，对输出效果的改善并不明显，而且大量消耗电脑的资源。如果扫描的目的是为了在显示器上观看，扫描分辨率设为 100 即可；如果为打印而扫描，采用 300 的分辨率即可。

（5）保存图像时如果选用 JPEG 格式，压缩比最好选为原图像大小的 75% ~ 85%，因为压缩比设得过小将会严重丢失图像信息。

（6）OCR 的使用。OCR 即光学文字识别软件，目前购买的扫描仪几乎都会随机附送该种软件。它可以处理扫描得到的文件图像，将其中的文字轮廓、阴影和线条转换成文字。

2. 扫描仪的维护

作为普通用户来说，不仅要购买一台质量过关、方便耐用的扫描仪产品，学会正确使用和进行简单的保养也是非常重要的。

（1）一旦扫描仪通电后，千万不要热插拔 SCSI、EPP 接口的电缆，这样会损坏扫描仪或计算机，当然 USB 接口除外，因为它本身就支持热插拔。

（2）扫描仪在工作时请不要中途切断电源，一般要等到扫描仪的镜组完全归位后，再切断电源，这对扫描仪电路芯片的正常工作是非常有意义的。

（3）由于一些 CCD 的扫描仪可以扫小型立体物品，所以在扫描时应当注意：放置锋利物品时不要随便移动以免划伤玻璃，包括反射稿上的订书针；放下上盖时不要用力过猛，以免打碎玻璃。

（4）一些扫描仪在设计上并没有完全切断电源的开关，当用户不用时，扫描仪的灯管依然是亮着的，由于扫描仪灯管也是消耗品（可以类比于日光灯，但是持续使用时间要长很多），所以建议用户在不用时切断电源。

（5）扫描仪应该摆放在远离窗户的地方，因为窗户附近的灰尘比较多，而且会受到阳光的直射，会减少塑料部件的使用寿命。

（6）由于扫描仪在工作中会产生静电，从而吸附大量灰尘进入机体影响镜组的工作。因此，不要用容易掉渣儿的织物来覆盖（绒制品、棉织品等），可以用丝绸或蜡染布等进行覆盖，房间适当的湿度可以避免灰尘对扫描仪的影响。

（7）扫描仪镜面如果有灰尘、斑点，要用干净的抹布蘸无水酒精擦拭干净。

 任务小结

本任务主要介绍有关扫描仪的基础知识，了解扫描仪的特点，掌握扫描仪的安装方法，正确使用扫描仪应该注意的事项，掌握扫描仪维护的方法和故障排除的基本技能。

上机实训　扫描照片

先安装扫描仪的驱动程序，然后连接扫描仪，启动扫描仪后将个人的照片放进扫描仪内进行扫描，注意观察扫描仪的工作过程和扫描结果，并进行总结。

任务三　传真机的使用与维护

 任务说明

　　传真机，是指在公用电话网或其相应网络上，用来传输文件、报纸、相片、图表及数据等信息的通信设备。传真机是集计算机技术、通信技术、精密机械与光学技术于一体的通信设备，其信息传送的速度快、接收的副本质量高，它不但能准确、原样地传送各种信息的内容，还能传送信息的笔迹，具有其他通信工具无法比拟的优势，为现代通信技术增添了新的生命力，并在办公自动化领域占有极重要的地位，发展前景广阔，如图5－3－1所示。

图5－3－1　传真机

本任务的学习是使学生对传真机的分类、工作原理以及维护有一定的了解，能熟练掌握传真机的基本操作。

 学习目标

➢ 了解掌握传真机基础知识。
➢ 熟练掌握传真机的操作步骤。
➢ 掌握传真机的维护。

 知识要点

➢ 传真机的连接。
➢ 传真机的使用。
➢ 传真机的日常维护和保养。

 任务实施

一、传真机的连接

1. 连接到电话插孔

将电话线的一端插入到传真机底部标示有 line 的电话插孔中，另一端插入墙上的局线口内。

2. 连接听筒到传真机

将螺旋线的一端插入听筒，另一端插入传真机底部标有听筒符号的插孔片，将其按进所给的线槽中。

传真机接口，如图 5 - 3 - 2 所示。

传真机的连接，如图 5 - 3 - 3 所示。

①听筒线。②电话线。③电源线。④接纸托盘（只适用于 kx - ft904/kx - ft908）。⑤［ext］插头（只适用于 kx - ft902/kx - ft904）。⑥分机电话（不随附）。

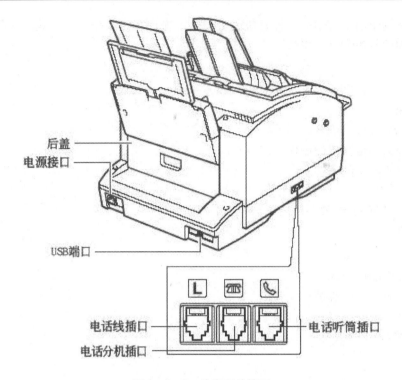

后盖

电源接口

USB端口

电话线插口

电话分机插口

电话听筒插口

图 5 - 3 - 2　传真机的接口

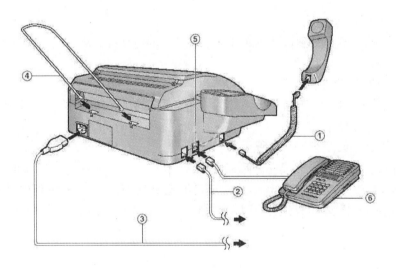

图 5 - 3 - 3　传真机的连接

二、传真机的使用步骤

1. 发送传真

（1）打开送稿盘。

（2）调整文稿引导板。

（3）将所要传真的原稿文字或图片面向下（请根据传真机来定放文稿）。

（4）拨通对方传真的电话号码，当听到对方给的信号声后，按"传真/开始"。

（5）若要进行复印，按"复印"。

2. 接收传真

（1）拿起话筒应答来电。

（2）若要接收传真文稿，请按"传真/开始"。

3. 传真机的日常维护和保养

（1）传真机的环境及放置位置。传真机要避免受到阳光直射、热辐射，避免强磁场、潮湿、灰尘多的环境，或是接近空调、暖气机等容易被水溅到的地方，同时要防止水或化学液体流入传真机，以免损坏电子线路及器件。为了安全，在遇有闪电、雷雨时，传真机应暂停使用，并且要拔去电源及电话线，以免雷击造成传真机的损坏。而在放置位置上，应当将其放置在室内的平台上，左右两边和其他物品保持一定的空间距离，以免造成干扰且有利于通风，前后方请保持30厘米的距离，以方便原稿与记录纸的输出操作。

（2）用户在使用时应注意的事项。用户要减少频繁开关机，因为每次开关机都会使传真机的电子元器件发生冷热变化，而频繁的冷热变化容易导致机内元器件提前老化，每次开机的冲击电流也会缩短传真机的使用寿命。另外，传真机在打印过程中，用户不要打开纸卷上面的纸舱盖，如果真的需要必须先按停止键以避免危险。同时打开或关闭纸舱盖的动作不宜过猛。因为传真机的感热记录头大多装在纸舱盖的下面，合上纸舱盖时动作过猛，轻则会使纸舱盖变形，重则会造成感热记录头的破裂和损坏。

（3）传真纸张的选择。传真纸张的选择十分重要，用户需按传真机说明书，使用推荐的传真纸。劣质传真纸的光洁度不够，容易损坏感热记录头和输纸辊。记录纸上的化学染料配方不合理，会造成打印质量不佳，保存时间短。并且记录纸不要长期暴露在阳光或紫外线下，以免记录纸逐渐褪色，造成复印或接收的文件不清晰。

（4）保持传真机内、外部的清洁。要经常使用柔软的干布清洁传真机，保持传真机外部清洁。对于传真机内部，除了每半年将纸舱盖打开并使用干净柔软的布或使用纱布蘸酒精擦拭打印头外，还有滚筒与扫描仪等部分需要清洁保养。因为经过一段时间使用后，原稿滚筒及扫描仪上会逐渐累积灰尘，最好每半年清洁保养一次。当擦拭原稿滚筒时，一样必须使用清洁的软布或蘸酒精的纱布，需要小心的是不要将酒精滴入机器中。而扫描仪的部分（如 CCD 或 CIS 以及感热记录头）就比较麻烦，因为这个部分在传真机的内部，所以需要工具的帮忙。一般来说会有一种清理工具，蘸了酒精以后，由走纸口送入传真机，进行复印功能时，就可以清洁扫描仪玻璃上的灰尘。切不可直接用手或不洁布、纸去擦拭。

 任务小结

本任务主要介绍有关传真机的基础知识，了解传真机的特点，掌握传真机的功能设置方法，正确使用传真机应该注意的事项，掌握传真机维护的方法和故障排除的基本技能，能熟练使用传真机进行商务工作。

上机实训　给老师发传真

根据前面学习的知识，正确连接传真机，安装传真纸，完成传真机的相关设置，然后将想要对老师讲的话写在纸上，通过传真机发给老师。

任务四　复印机的使用与维护

 任务说明

　　复印机是从书写、绘制或印刷的原稿得到等倍放大或缩小的复印品的设备。复印机复印的速度快，操作简便，与传统的铅字印刷、蜡纸油印、胶印等的主要区别是无须经过其他制版等中间手段，而能直接从原稿获得复印品，如图5－4－1所示。本任务的学习是使学生对复印机的分类、工作原理以及维护有一定的了解，能熟练掌握复印机的基本操作。

图5－4－1　复印机

学习目标

➤ 了解掌握复印机基础知识。

➤ 熟练掌握复印机的操作程序。

➤ 掌握复印机的保养。

知识要点

➢ 复印机的基本操作。
➢ 复印机的注意事项。
➢ 复印机的日常维护和保养。

 任务实施

一、复印操作

1. 自动选择纸张模式复印

当电源开启后，复印机一般会选用自动选择纸张模式（APS）。在这模式下，如果将原稿放置在原稿输送装置（选件）或玻璃上，复印机就能自动检测原稿的尺寸，并选用与原稿相同的纸张。这个模式只适用于实际尺寸（100%）复印。

步骤一：检查是否选择了自动选择纸张 APS 模式。

如果指示灯没有亮起，可按下 APS 键。

步骤二：将原稿放置在原稿输送装置（选件）或玻璃上。

步骤三：选择曝光量，一般情况下，本机会选用 AUTOEXPOSURE 模式。

步骤四：输入所要的复印数目。

步骤五：按下 PRINT ▢ 键开始复印。

2. 指定复印尺寸的实际尺寸复印

当有复印尺寸不规则的原稿，比如报纸、杂志等，或自动选择纸张（APS）模式不能检测纸张尺寸时，您可指定所需要的复印尺寸。

步骤一：选择复印尺寸。

步骤二：将原稿放置在原稿输送装置（选件）或玻璃上。

将正面朝下地放置在玻璃上，或正面朝上地放置在原稿输送托盘上。如果原稿被夹着或订着，应将回形针和订书钉取下。

步骤三：按需要，选择曝光量、复印数目等。

步骤四：按下 PRINT ▢ 键。

3. 缩小与放大复印

（1）使用自动放大选择（AMS）。

步骤一：使用自动放大选择（AMS） APS 键。

步骤二：按下所要的 COPY – SIZE（复印尺寸）键。

步骤三：将原稿放置在玻璃上或原稿输送装置（选件）。

将正面朝下地放置在玻璃上，或正面朝上地放置在原稿输送托盘上。

步骤四：按您的需要，选择所要的曝光量、复印数量等。

步骤五：按下 PRINT 键。

（2）选择原稿尺寸复印尺寸。

步骤一：按照原稿的尺寸，按下相应的 ORIGINAL – SIZE（原稿尺寸）键。

步骤二：按下所要的 COPY – SIZE（复印尺寸）键。

复印机会依据所选择的原稿尺寸和复印尺寸，计算出正确的复印比例，而有关信息会于显示屏上出现；

如果所要尺寸的纸张，不能于任何安装至本机的纸盘中找到，这个信息会出现："SET CORRECT SIZE CASSETTE"（安装尺寸正确的纸盘）。

步骤三：将原稿放置在原稿输送装置（选件）或玻璃上。

将正面朝下地放置在玻璃上，或正面朝上地放置在原稿输送装置上。

步骤四：按您的需要，选择曝光量、复印数量等。

步骤五：按下 PRINT（列印）键。

您所选择尺寸的缩小或放大复印稿会排出。

（3）使用 ZOOM 50% 200% 键。

步骤一：按下所要的 COPY – SIZE 键。

APS 指示灯会熄灭。

步骤二：使用 ZOOM（无级变倍）50% 200% 键，选择所要的复印比例。

➤对于放大复印，应使用 200% 键。对于缩小复印，应用 50% 键。

➤任何复印比例都能以 1% 的递增率，于 50% 和 200% 之间做出选择。

➤每次按下 ZOOM 键，复印比例都会作出 1% 的改变。若按着 ZOOM 键不放，比例会连续的改变。

➤若同时按下 200% 和 100% 按键，或 50% 和 100% 按键，200% 和 50% 字样会立即于显示屏出现。

➤按下 100% 键，复印机就会恢复为实际尺寸复印。

步骤三：将原稿放置在玻璃上或原稿输送装置（选件）。

步骤四：输入复印数量，并按下 PRINT 键。

4. 旁送复印

当任何安装至复印机的纸盘都不适用，或者您要使用特别种类的纸张如 OHP（投影胶片）时，旁送复印是非常方便的功能。

步骤一：将原稿放置在原稿输送装置（选件）或玻璃上。

将正面朝下地放置在玻璃上，或正面朝上地放置在原稿输送托盘上。

步骤二：打开旁送导板。

若要放置 A3、B4 或 A4 – R 尺寸的纸张时，应将纸张托板拉出。

将纸张托板拉出：首先，将托板拉出一半，然后依据箭头的方向拉出托板，最后顺着箭头的方向将托板完全拉出。

步骤三：将纸张放置在旁送导板。

将纸张放置在旁送导板，并依据纸张的尺寸调整滑动板。最多可放置 50 张纸（$64 \sim 80 \text{g/m}^2$）。厚重的纸张（$81 \sim 130 \text{g/m}^2$）和 OHP 胶片应逐张插入。

本模式所能输送最小尺寸的纸张为 A5 – R。

将 A3、B4 或 A4 尺寸的纸张放置在延伸托板上。

步骤四：按您的需要，选择复印数量、曝光量、复印比例、复印素质等。

步骤五：按下 PRINT 🖳 键。

二、使用复印机时应注意的事项

（1）正确放置复印纸张，可以有效地消除复印机卡纸现象。正确放置复印纸张，应该包括按照说明将复印纸张放在进纸盒中，以及使用高质量的复印纸，因为在复印机处于不断工作状态时，只有做好持续的供纸工作，才能确保复印效率，在复印过程中一旦出现一点异常，如出现了一次进多纸、不进纸或卡纸的话，就会影响到复印机的持续工作，甚至还会损坏复印机内部的进纸装置。为此，我们应该尽量使用优质的复印纸，同时在将复印纸放置到进纸盒中时，要注意位置的平整性，并且确保纸张不要放太满，另外进纸盒的导轨应该调到与纸一样宽。如果发现有纸张卡在复印机内部时，应该先关闭复印机电源，再打开复印机面盖，将卡住的纸慢慢从复印机中取出来，而不要强行将卡住的纸张拉扯出来，另外在取出卡纸的时候，注意不要将感光鼓划伤。

（2）由于复印机每次开机时，会花费很长时间来启动，那么在不用复印机时，究竟是直接关闭掉复印机，还是让复印机处于节能状态呢？正常情况下，要是在 40 分钟左右的时间内，没有复印任务时，应该将复印机电源关掉，这样可以达到省电的目的。但是如果在 40 分钟之内，还有零碎的复印任务时，就必须让复印机处于节能状态，因为复印机工作在这种状态时，预热启动的时间将会大大地缩短，能够有效地避免因频繁启动而对复印机光学元件造成损害。

三、复印机的日常维护和保养

1. 日常维护方法

外部环境：摆放复印机时，将机器放于干燥处，要远离饮水机、矿泉壶等水源。这样，可防止由于室内潮湿造成的故障。

通风：在潮气较大的房间内，要保持通风，以降低室内的湿度，可预防卡纸、印件不清等问题。

预热烘干：每天早晨上班后，打开复印机预热，以烘干机内潮气。

纸张防潮：保持纸张干燥，在复印机纸盒内放置一盒干燥剂，以保持纸张的干燥。在每天用完复印纸后应将复印纸包好，放于干燥的柜子内。每次使用复印纸时尽量避免剩余。

电源：每天下班，关掉复印机开关后，不要拔下电源插头，以使复印机内晚间保持干燥。

阴雨天气：在阴雨天气情况下，要注意复印机的防潮。白天要开机保持干燥，晚间防止潮气进入机内。

2. 清洁保养方法

（1）盖板的清洁。由于接触各种原稿和被手抚摸，会使洁白的塑料衬里或传送带变黑，造成复印件的边角出现黑色污迹。用棉纱布蘸些洗涤剂反复擦拭，然后用清水擦拭，再擦干即可。注意：不要用酒精、乙醚等有机溶剂擦拭。

（2）稿台玻璃的清洁。由于稿台玻璃容易受到稿件和手的沾污，同时也容易被划伤，所以应定期清洁保养才能保证良好的复印效果。在工作中要避免用手直接接触稿台玻璃，如有装订，应将原稿上的大头针、曲别针、订书钉等拆掉，并放在指定位置。涂改后的原件一定要等到涂改液干了以后再复印。清洁稿台玻璃时，应避免用有机溶剂擦拭。因为稿台玻璃上涂有透光涂层和导电涂层，这些涂层不溶于水，而溶于有机物质。

（3）电路系统。电路系统因长时间在高压下工作，吸附了大量的粉尘，从而造成电子元件间的电阻率降低，引起电流击穿电子元件，烧毁线路板。以下部分的清洁工作应由专业技术人员进行：光学系统的清洁、机械系统的清洁、进纸系统的清洁、出纸系统的清洁。

（4）清除废旧墨筒。小心地清除废旧墨筒，以防墨粉充斥在空气中过多地被人体吸入。

（5）更换部件。在复印到一定张数后，复印机的易耗性零件［如：清洁刮片、电极丝、分离爪（片）、搓纸轮等，这些零件在保修期内也不属于免费提供］由于磨损，可能需要进行必要的更换。

任务小结

本任务主要介绍有关复印机的基础知识，了解复印机的特点，掌握复印机的功能设置方法，正确使用复印机应该注意的事项，掌握复印机维护的方法和故障排除的基本技能，能熟练使用复印机进行复印工作。

上机实训　复印个人身份证

※提示：（1）怎样放置复印纸；

（2）怎样放大缩小复印；

（3）怎样复印双面文件；

（4）怎样使用复印机复印相片。

任务五 投影仪的使用与维护

 任务说明

投影仪是一种用来放大显示图像的投影装置。随着投影技术的不断成熟和价格的不断降低，投影仪已经开始在各种大型公共场所、远程会议、学校教学、机关等方面得到广泛使用，如图5-5-1所示。本任务的学习是使学生对投影仪的分类、工作原理以及维护有一定的了解，能熟练掌握投影仪的基本操作。

图5-5-1 投影仪

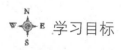 学习目标

➢ 了解掌握投影仪基础知识。

➢ 熟练掌握投影仪的连接。

➢ 了解掌握投影仪使用注意事项。
➢ 掌握投影仪的保养。
➢ 遥控器使用注意事项。

知识要点

➢ 投影仪的连接方法。
➢ 投影仪的基本操作。
➢ 投影仪的投影模式。
➢ 投影仪的日常维护和保养。

 任务实施

一、投影仪的连接

在连接之前，请务必从交流电源插座中拔出投影仪的电源线，并关闭要连接设备的电源。在完成全部连接之后，先打开投影仪电源，然后打开其他设备的电源。在与电脑连接时，请务必在完成全部连接之后才最后打开电脑的电源。如图5－5－2所示。

在连接之前，请务必阅读要连接设备的使用说明书。

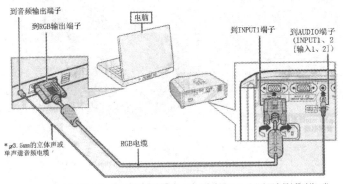

图5－5－2　投影仪连接到电脑

（1）用随机附件 RGB 电缆一端接到投影仪的 INPUT1 端子，另一端接到电

脑音频输出端子。

（2）将 φ3.5mm 的立体声或单声道音频电缆一端接到电脑音频输出端子，另一端接到投影仪 AUDIO 端子（INPUT1、2 ［输入 1、2]）。

二、连接到视频设备

按照色差信号、S-视频信号和视频信号的顺序，越排在前面的信号其影响质量越高。如果音频/视频设备上有色差信号输出，那么请使用投影仪上的 COMPUTER/COMPONENT（电脑/色差信号）端子（INPUT1 或 INPUT 2）（输入 1 或输入 2）来连接视频。

使用 3 个 RCA（色差信号）到 15 针 D-sub 电缆时（输入 1 或输入 2），如图 5-5-3 所示。

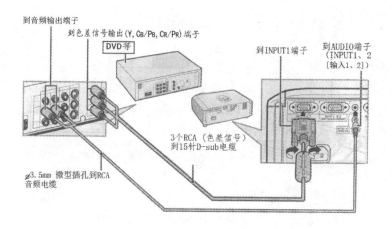

图 5-5-3　使用输入 1 或输入 2

（1）用 3 个 RCA（色差信号）的一端接到 DVD 色差信号输出（Y，CB/PB，CR/PR）端子上，另一端接到投影仪 INPUT1 端子。

（2）将 φ3.5mm 微型插孔到 RCA 音频电缆一端接到 DVD 音频输出端子，另一端接到投影仪 AUDIO 端子（INPUT1、2 ［输入 1、2]）。

使用 S-视频电缆时（输入 3），如图 5-5-4 所示。

（1）用 RCA 音频电缆一端接到 DVD 音频输出端子，另一端接到投影仪 INPUT3 端子。

（2）将 RCA 音频电缆一端接到 DVD 音频输出端子，另一端接到投影仪 AUDIO 端子（INPUT3、4 ［输入 3、4]）。

使用复合视频电缆时（输入 4），如图 5-5-5 所示。

（1）用复合视频电缆一端接到 DVD 视频输出端子，另一端接到投影仪 IN-

PUT4 端子。

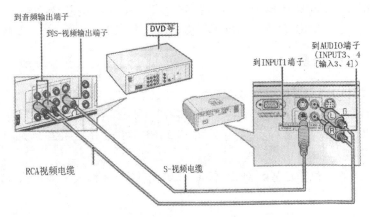

图 5-5-4　使用输入 3

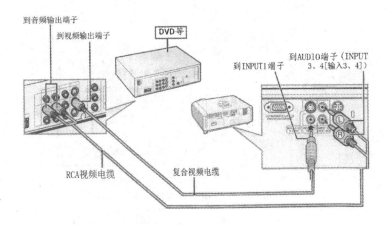

图 5-5-5　使用输入 4

（2）将 RCA 音频电缆一端接到 DVD 音频输出端子，另一端接到投影仪 AU-DIO 端子（INPUT3、4［输入 3、4］）。

三、投影仪的基本操作

1. 启动投影仪

（1）先完成投影仪与电脑的连接。

（2）接通投影仪电源（电源指示灯呈红色亮）。

（3）按投影仪顶部控制面板或遥控器上的电源开/待机键（电源指示灯呈绿色亮）。

（4）冷却风扇开始工作，屏幕上出现 30 秒倒计时的预备显示。

（5）倒计时结束后，以上次选择的输入源和灯泡模式进行显示。

2. 信号切换及其他操作

（1）信号切换及其他操作。比较常用的一些遥控器按键：①电源开/待机；②COMPUTER→电脑键；③FREEZE→静止键；④NO SHOW→无显示键；⑤P -TIMER→计时键；⑥AUTO PC→PC 自动调整键；其他按键多用于调整投影仪设置。

（2）投影仪无显示。①检查投影仪是否开机。②检查笔记本与投影仪的 VGA 连接。③使用笔记本的显示切换按键，确保笔记本将显示信号以镜像（非延伸）的方式同时输出到显示屏和投影仪。④使用 COMPUTER 键，观察投影提示，确保输入信号切换到 COMPUTER1（按动后稍候几秒）。

※提示：每个品牌的笔记本显示切换键都可能不同（一般为 Fn + F5），并且只有在正确安装了显卡驱动程序后才能正常工作。

（3）投影仪显示图像不正常。如果投影仪能够显示图像，但是出现图像不完整（缺边）或者偏移，表示此时投影仪已经接收到来自计算机的 VGA 信号，但某些细节不正常，可以使用 AUTO PC 键进行自动调整。

（4）课前几分钟隐藏操作细节。已经开始投影，但又需要在电脑上进行操作，但不想让学生看见。

方法一：

使用 NO SHOW 键，投影仪显示黑屏，继续你的电脑操作，完成后再次按 NO SHOW 键，投影仪与电脑恢复同步显示。

方法二：

使用 FREEZE 键，投影仪始终显示按下此键时的内容，继续你的电脑操作，完成后再次按 FREEZE 键，投影仪与电脑恢复同步显示。

（5）课堂活动计时。课堂上的小活动需要一个临时的计时器。

按下 P - TIMER 键，投影仪显示"00：00"并开始计时；再按 P - TIMER 键，停止计时；再按一次，计时显示消失。

※提示：计时范围是 00：00 ~ 23：59。

3. 关闭投影仪

（1）按顶部控制面板或遥控器上的电源开/待机键，屏幕上出现"电源关闭?"信息（如果是误操作，请不要按任何键，等待几秒后提示信息消失）。

（2）紧接着再次按电源开/待机键，关闭投影仪。

（3）电源指示灯持续呈红色闪烁，冷却风扇大约运行90秒。

（4）当投影仪充分冷却后，电源指示灯停止闪烁，呈红色常亮，此时可以再次开启投影仪。

四、投影模式

为获得最佳影像，请将投影仪置于与屏幕垂直的位置，投影仪的搁脚要放在水平且平坦之处。这样设置，就不再需要进行梯形失真校正，并得到最佳之影像品质。

投影仪有4种投影模式，请选择最符合所用的投射设置之模式。

（1）安装于桌面上，前面投射，如图5-5-6所示。

（2）安装于天花板上，前面反射，如图5-5-7所示。

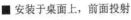
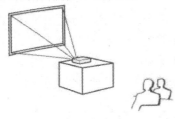
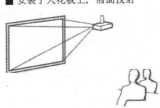

■ 安装于桌面上，前面投射　　　　　　■ 安装于天花板上，前面投射

图5-5-6　模式一　　　　　　　　图5-5-7　模式二

（3）安装于桌面上，后面投射（使用半透明屏幕），如图5-5-8所示。

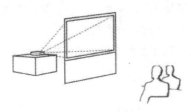
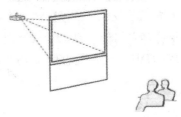

■ 安装于桌面上，后面投射　　　　　　■ 安装于天花板上，后面投射

图5-5-8　模式三　　　　　　　　图5-5-9　模式四

（4）安装于开花板上，后面投射（使用半透明屏幕），如图5-5-9所示。

五、投影仪使用注意事项

（1）严格按照要求操作投影仪。

（2）投影仪是公用设备，不要对投影仪的设置按照个人喜好做任何更改。

（3）打开投影仪后，至少5分钟之后才能关闭，否则影响灯泡寿命。

（4）不要长时间连续使用投影仪，24小时之内至少关机休息1小时。

（5）清理讲台内部杂物，保证电源、电缆所处区域干燥整洁，避免因短路烧毁投影仪或引发火灾。

六、遥控器使用注意事项

（1）使用两节同类型5号电池。

（2）同时更换两节电池，不要新旧电池混用。

（3）避免接触水或其他液体。

（4）避免置于潮湿或高温环境中。

（5）不要摔落遥控器。

（6）注意粉尘对遥控器的影响。

（7）长期不使用时请取出电池。

七、投影仪的日常维护和保养

（1）镜头保养：在投影仪的镜头上常会看到有灰尘，其实那并不会影响投影品质，若真的很脏，可用镜头纸擦拭处理。

（2）机器使用：大多数的投影仪在关机时必须散热，用完不可直接把总电源关掉。若正常开关机，机器可用得更久。

（3）散热检查：投影仪在使用时一定注意，其进风口与出风口是否保持畅通。

（4）滤网清洗：为了让投影仪有良好的使用状况，请定时地清洗滤网（滤网通常在进风口处），清洗时间视环境而定，一般办公室环境，约半年清洗一次。

（5）连接投影仪所提供的接口很多，所以就有很多的接线，在接信号线时，必须注意是否拿对线、插对孔，以减少故障。

（6）遥控器：使用完时，最好把电池取出，避免下次使用时没电。

 任务小结

本任务主要介绍有关投影仪的基础知识，掌握投影仪的功能设置方法，能正确连接投影仪，正确使用投影仪应该注意的事项，掌握投影仪维护的方法和故障排除的基本技能，能熟练使用投影仪进行影音文件的播放。

上机实训　播放电影

先正确连接投影仪，然后进行合理的设置，将准备好的电影文件拷贝到电脑上，通过投影仪播放给大家看。